U0564628

# 浙产多花黄精高效生态
# 种植技术彩色图说

吕伟德　等 编著

ZHEJIANG UNIVERSITY PRESS
浙江大学出版社
·杭州·

**图书在版编目（CIP）数据**

浙产多花黄精高效生态种植技术彩色图说/吕伟德
等编著. —杭州：浙江大学出版社，2024.3
　　ISBN 978-7-308-24719-1

　　Ⅰ.①浙… Ⅱ.①吕… Ⅲ.①黄精－栽培技术–图解
Ⅳ.①S567.21-64

中国国家版本馆CIP数据核字(2024)第048956号

**浙产多花黄精高效生态种植技术彩色图说**

吕伟德　等编著

| | |
|---|---|
| 责任编辑 | 石国华 |
| 责任校对 | 董雯兰 |
| 封面设计 | 吕兰婷 |
| 出版发行 | 浙江大学出版社 |
| | （杭州市天目山路148号　邮政编码310007） |
| | （网址：http://www.zjupress.com） |
| 排　　版 | 杭州星云光电图文制作有限公司 |
| 印　　刷 | 浙江海虹彩色印务有限公司 |
| 开　　本 | 880mm×1230mm　1/32 |
| 印　　张 | 10 |
| 字　　数 | 268千 |
| 版 印 次 | 2024年3月第1版　2024年3月第1次印刷 |
| 书　　号 | ISBN 978-7-308-24719-1 |
| 定　　价 | 58.00元 |

# 《浙产多花黄精高效生态种植技术彩色图说》 参编人员信息

## 主　编

吕伟德　杭州职业技术学院,教授

葛勇进　浙江省农业农村宣传中心,编辑、高级经济师

吕兰婷　浙江新远文化产业集团有限公司

李涯松　浙江省人民医院,主任中医师、博士

饶君凤　杭州职业技术学院,教授

罗煦钦　杭州市临安区农业农村信息服务中心,主任、高级农艺师

叶为诺　开化县农业技术推广中心

廖望仪　浙江物产集团创龄生物科技有限公司,总经理

郑平汉　淳安县临岐镇农业技术推广中心主任,高级农艺师

宋大伟　池州市九蒸晒食品集团有限公司,董事长

张文革　安徽千草源生态农业开发有限公司,董事长

胡奕锋　淳安县淳北联合党委常务副书记,临岐镇人大主席

楼一蕾　浙江农林大学风景园林与建筑学院

曹方彬　浙江大学农业与生物技术学院

胡春艳　临安区农林推广中心

夏俊勇　淳安县新安江生态开发有限公司,总经理

## 副主编

戴德雄　浙江维康药业股份有限公司副,总裁、教授级高级工程师、
　　　　国务院政府特殊津贴专家

宋淑英　池州市九华府金莲智慧农业有限公司,总经理

睢　宁　浙江中医药大学,学科主任、GAP专家

孙骏威　中国计量大学现代科技学院

尹献远　衢州市美丽乡村建设中心,高级农艺师

林棣文　缙云县人民政府仙都街道办事处

张明丽　杭州职业技术学院,博士、副教授

胡玉林　杭州市临安区农业农村信息服务中心,副主任

张敬斐　丽水市莲都区农业农村局,高级农艺师

柯乐芹　杭州职业技术学院,教授

孙巨淼　杭州第一技师学院,副教授

王乐然　浙江中医药大学,博士后

刘玉军　安徽省科学技术研究院,副研究员

王　辉　四川省农科院,所长、高级农艺师

叶昌华　四川省农科院,高级工程师

方　琴　淳安县临岐镇农业公共服务中心

陈广升　丽水市中医院,主治中医师

王　琳　浙江水利水电学院,博士后

## 编写人员

聂小华　浙江工业大学食品工程学院,教授

孟祥河　浙江工业大学食品工程学院,教授

邓茂芳　杭州医学院,教授

黄文娟　四川省农科院

陆军民　杭州民丰山茱萸专业合作社,总经理

祝严骏　江山市展飞家庭农场,总经理

崔跃恢　河南省黄精健康食品有限公司,总经理

蒋霞芳　缙云县溶江乡农业农村服务中心,农艺师

吕丽君　浙江省缙云县新碧街道办事处,农艺师

陆艳婷　浙江省农业科学研究院,副研究员

吴伟丽　青田县腊口镇政府,农艺师

杨菊妹　磐安县人民医院,教授

楼炉焕　浙江农林大学,教授

蒋海瑛　杭州医学院,副教授

汪一婷　浙江省农科院,高级农艺师

陆剑锋　开化县中药材协会,秘书长

邬锡伟　杭州鸿越生态农业科技有限公司,董事长

陈碧玲　浙江禾田兴生物科技有限公司,总经理

申建双　杭州职业技术学院,博士、副教授

邵长生　杭州职业技术学院,博士、副教授

王忠强　杭州鸿越生态农业科技有限公司,总经理

杨定升　浙江磐五味药业有限公司,董事长

陈小燕　开化嘉兰中药科技有限公司,董事长

傅远国　开化号岭田原农业开发有限公司,董事长

饶小兵　杭州富阳厚鑫生态农业开发有限公司,总经理

饶　尧　丽水泰欣生物科技有限公司,总经理

叶传盛　丽水亿康生物科技有限公司,董事长、高级农艺师

吴柏毅　庆元县祥盛生物科技有限公司,总经理

陈建平　浙江百善生态农业发展有发公司,董事长

宋正明　杭州余杭宋氏中草药研究所,所长

黄国林　杭州市余杭区卫生局原局长,长城国际健康论坛发起人

韩其齐　杭州泽一生物科技有限公司,总经理、江南珍稀药植园负责人

宋　涛　杭州鸿越生态农业科技公司技术研发中心,主任

高蓉蓉　杭州职业技术学院,园艺技术专业学生

沈佳佳　杭州职业技术学院,园艺技术专业学生

孙瑜璟　杭州职业技术学院,园艺技术专业学生

# 内容简介

　　这是一本经典的中药材种植指南,从种质资源利用、选种育苗、种植模式、营养施肥、病虫防控、连作障碍、基地建设、生产追溯及产地加工等方面详细介绍浙江省多花黄精标准化生产技术,特别适合想要了解及学习多花黄精生产规程及种植加工技术的读者。本书也是杭州市重大科技项目"浙产多花黄精物联网精准栽培及精深加工关键技术研究与示范"的最新成果,可为传统道地中药材多花黄精高质量生产提供技术支持,可供多花黄精生产、经营、使用、监督、检验、教学和科研等领域的广大从业人员参考。同时,本书文字简练,图片清晰,内容丰富,具有很强的实用性和普及性,适合广大中医药及农林业院校师生参考使用。

　　本书分为8章。第一章概述,总体介绍浙江省中药材及多花黄精产业现状、黄精的食药属性及发展前景;第二章黄精种质资源及易混淆植物鉴别,主要叙述黄精的基源植物形态特征及分类检索、易混淆植物鉴别、药用黄精加工形成的药材特征;第三章我国黄精分布与主要栽培品种鉴别,介绍我国黄精的地理分布、我国多花黄精生态适宜性分布区及黄精主要品种鉴别;第四章黄精的生物学特性,主要介绍不同黄精品种的根、茎、叶、花、果、种子及种苗的形态特征,黄精属药用植物的多糖特征,浙产多花黄精的生育时期与生命周期;第五章多花黄精商品种苗培育,介绍多花黄精种苗繁育,包括种子育苗、根茎育苗、组织培养育苗技术措施及设施要求;第六章多花黄精林下生态高效种植关键技术,介绍多花黄精林下生态种植模式及林下生态种植关键技术,分析主要病虫害发生规律及防治措施;第七章多花黄精抗连作栽培技术,包括多花黄精连作障碍的发生与危害、连作障碍的形成机制与调控措施以及土壤改良通用技术;第八章多花黄精生产基地建设与管理,介绍中药材生产基地的技术要求、多花黄精生产基地的田间建设方案与管理方案以及多花黄精生产管理可追溯体系应用。

目　录 Contents

# 第一章 概 述

## 一、浙江省中药材产业现状

### （一）浙江素有"东南药用植物宝库"之称

浙江是全国中药材重点产区之一，拥有国内唯一以野生药用植物种质资源为主要保护对象的大盘山国家级自然保护区，全省共有中药材资源2300多种，蕴藏量100多万吨，中药材资源总量和道地药材种数均位于全国前列，素有"东南药用植物宝库"之称，在丽水市莲都区建有华东药用植物园（图1-1）。

图1-1 浙江"药"让青山变"金山"

浙江"七山一水二分田"的地理环境孕育出"浙八味"、新"浙八味"等丰富的中药材资源。"浙八味"指的是浙贝母、杭白菊、浙白术、杭麦冬、杭白芍、元胡、玄参、温郁金等八味中药材。其由于质量好、应用范围广及疗效佳为历代医家所推崇。为进一步弘扬中医药文化,推进浙产道地药材资源的保护和开发,2018年浙江省又遴选出新"浙八味",即铁皮石斛、衢枳壳、乌药、三叶青、覆盆子、前胡、灵芝、西红花等八味中药材。目前,浙江省基本形成以"浙八味"和新"浙八味"为主的两大特色药材优势产业区。

## (二)"浙江省十大药膳"的评选

为弘扬药膳养生文化,助力健康浙江建设,助推"食药物质"产业传承发展和乡村振兴战略的实施,2019年,浙江省开展首届"浙江省十大药膳"评选活动,至今已连续举办五届。磐安县药膳产业协会烹饪的"茯苓猪肚汤""羊蹄甲鱼冻"、杭州广兴堂的"乾隆太极饭"、磐安县湖滨酒楼的"磐安黄精元蹄"(图1-2)、淳安县万记淳菜府的"淳味十全暖锅"、江山市中药材产业协会的"江山乌鸡煲"、杭州胡庆余堂的"江南鱼米之香"、乐清市瓯越楼文化主题餐馆的"瓯越跳

图1-2 "磐安黄精元蹄"入选"首届浙江省十大药膳"

鱼干",温州名者皇家酒店的"皇家猪蹄煲"、桐乡市新天泽沈院饭店的"子恺乡恋"等十件作品获首批"浙江省十大药膳"称号。

### (三)道地药材区域公共品牌不断涌现

除了"浙八味"、新"浙八味"外,浙江省各地不断打响道地中药材区域公共品牌。目前,在市场上知名度较高的有"衢六味"(图1-3和图1-4)和"温六味""婺八味""磐五味""淳六味""丽九味"等。

图1-3 道地药材"衢六味"发布会

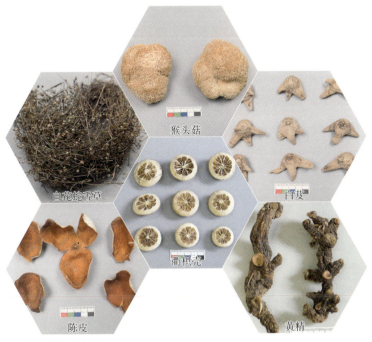

图1-4 道地药材"衢六味"

其中，"衢六味"品种：衢枳壳、白芨、陈皮、猴头菇、白花蛇舌草、黄精；"温六味"品种：铁皮石斛、温郁金、温栀子、温山药、薏苡仁、山银花；"婺八味"品种：佛手（金）、铁皮石斛、浙贝母、元胡、灵芝、莲子、金线莲和白术；"丽九味"品种：灵芝、铁皮石斛、三叶青、黄精、覆盆子、处州白莲、食凉茶、薏苡仁、皇菊；"磐五味"品种：白术、元胡、芍药、贝母、玄参；"淳六味"品种：山茱萸、覆盆子、前胡、黄精、重楼、三叶青；"武七味"品种：灵芝、宣莲、黄精、杭白菊、姜、三叶青、铁皮石斛；"桐七味"品种：白术、覆盆子、山茱萸、六神曲、红曲、白芨、黄精。

## 二、浙江省多花黄精产业发展现状

黄精是浙江传统特色道地中药材之一，以多花黄精为主，主要分布在江山市、淳安县、磐安县、天台县、桐庐县、衢州市衢江区、开化县、宁海县、新昌县、龙游县、遂昌县、庆元县、云和县、武义县、龙泉市、景宁畲族自治县、松阳县等地山区。2022年，浙江省黄精种植面积达8.82万亩，总产量达8156.16吨，产值达5.55亿元。2023年，多花黄精被列入浙江省中医药管理局、浙江省农业农村厅等部门联合公布的首批浙江省道地药材目录。华东药用植物园刘跃钧主任带领团队在全国寻找多花黄精野生种质资源，然后进行种植，经过八年的观察、比较、分析，终于选育出浙江省第一个多花黄精高产新品种"丽精1号"。2018年"丽精1号"通过浙江省林木品种审定委员会的审定，在全省推广（图1-5）。

① 江山市　黄精是传统"衢六味"之一，种植历史悠久。江山是多花黄精的天然分布区，在仙霞山脉和怀玉山脉山区自然分布黄精生长面积达30余万亩。2023年8月，在江山江郎山海拔500~800m之间的峭壁上发现了呈现自然分布形态的黄精原始群落。这是迄今为止国内发现的保存最完整的野生黄精群落。近年来，"江山黄精"在全

国中药材市场上声誉鹊起，2021年"江山黄精"通过国家农产品地理标志认证；2022年，江山市被中国林学会授予"中国黄精之乡"，成为浙江省首个"中国黄精之乡"（图1-6）。目前，江山黄精已在种苗繁育、规范种植、精深加工、品牌打造等方面形成较为完整的产业链。2022年，江山市黄精种植面积已达4.2万亩，年产值1.5亿元。

图1-5 刘跃钧带领团队选育成功我省第一个浙产黄精品种——丽精1号

图1-6 2022年，江山市获浙江省首个"中国黄精之乡"称号

② 磐安县 磐安县是黄精传统产区，境内土壤深厚肥沃，气候温和湿润，是多花黄精近野生栽培的最适宜区。目前，磐安县已建立50亩以上规模化黄精种植基地12个，面积达2180亩。2022年，磐安黄精种植面积万余亩，黄精干品产量3000多吨，黄精产业实现总产值1.5亿元。2023年，磐安县被中国林学会授予"中国黄精之乡"（图1-7）。

图1-7 2023年，磐安县被授予"中国黄精之乡"

近年来，作为"中国药材之乡"的磐安县加强政策引导，加大资金投入，充分挖掘黄精产业的发展潜力，在全省率先制定百亿级黄精产业发展规划。根据规划，力争到2025年，全县黄精种植与野生抚育面积达10万亩，一产产值达3亿元，黄精产业总产值达20亿元；到2035年，黄精种植与野生抚育面积达20万亩，一产产值达10亿元，黄精产业总产值达100亿元。

③ 天台县 黄精是天台县的道地药材之一，黄精和铁皮石斛、乌药一起，被称为天台县的"三大仙草"。为推进黄精产业高质量发展，天台县先后出台了《黄精产业高质量发展规划》，制定了《黄精栽培技术规程》和《黄精"九蒸九晒"加工技术规范》两个县级技术标准，同时县财政每年安排600万元支持黄精产业发展。目前，天台县正在申报"天台黄精"国家地理标志证明商标，并将其打造成区域公共品牌，合力做大黄精产业。2022年，天台县黄精种植面积约为3500亩，年总产量达3000多吨。全县从事黄精生产加工和营销的生产企业、合作社和家庭农场有35家，年销售额达6000万元（图1-8）。

④ 淳安县 作为黄精传统道地产区的淳安县，野生黄精资源丰富。黄精是"淳六味"品种之一，也是淳安县发展林下经济的主要品种，以多花黄精为主，一般生长3年以上收获。目前，淳安县在临岐、

枫树岭、王阜等乡镇建立了50余个黄精种植基地，总面积达1.05万亩，年培育多花黄精产量达1650吨，产值超1亿元（图1-9）。

图1-8 位于天台的浙江禾田兴生物科技有限公司正在进行黄精加工

图1-9 淳安县汉广中药材初加工有限公司与杭州职业技术学院开展黄精种植与加工方面的产学研合作

## 三、黄精的食药属性

### （一）何为药食同源

药食同源主要是指这种物质既属于药物，也属于食物，并且它没有明显的分界线，可以起到治疗疾病的功效，同时还可以当食物吃，比如最常见的山药、大枣和山楂以及枸杞等。

《淮南子·修务训》记载："神农……尝百草之滋味，水泉之甘苦，令民知所辟就。当此之时，一日而遇七十毒。"可见神农时代药与食不分，无毒者可就，有毒者当避。黄精是药食同源，有清热解毒之效，同时也能够健脾润肺、壮阳补阴，属于一种中药，但也可以作为一种食材。黄精作为药材，能够治疗身体疲倦、脾胃虚弱、口干舌燥、精气不足等症状（图1-10）。对于糖尿病患者能够起到很好的疗效。黄精作为食材，与山药一样，是可以煲汤或者是煮粥食用的。

图1-10　多花黄精新鲜根茎

### （二）药食同源的理论溯源

隋代杨上善在《黄帝内经太素》（图1-11）一书中写道："空腹食之为食物，患者食之为药物。"这反映出"药食同源"的思想。

随着实践经验的积累，药食才开始分化。在使用火烹制

图1-11　《黄帝内经太素》

食物后，人们开始食熟食，烹调加工技术才逐渐发展起来。在食与药开始分化的同时，食疗与药疗也逐渐区分（图1-12和图1-13）。

《内经》对食疗有非常卓越的理论，如"大毒治病，十去其六；常毒治病，十去其七；小毒治病，十去其八；无毒治病，十去其九；谷肉果菜，食养尽之，无使过之，伤其正也"。这可称为最早的食疗原则。

中国中医学自古以来就有"药食同源"（又称为"医食同源"）理论。这一理论认为：许多食物既是食物也是药物，食物和药物一样，能够防治疾病。在原始社会中，人们在寻找食物的过程中，发现了各种食物和药物的性味与功效，认识到许多食物可以药用，许多药物也可以食用，两者之间很难严格区分。这就是"药食同源"理论的基础，也是食物疗法的基础。

图1-12 多花黄精菜心

图1-13 多花黄精笔管菜

由此可见，在中医药学的传统理论中，药与食的关系是既有同处，亦有异处。但从发展过程来看，远古时代药食是同源的，后经几千年的发展，药食开始分化。若再往今后的发展前景看，药食也可能返璞归真，以食为药，以食代药（图1-14）。

图1-14 "淳六味"九制黄精蜜饯

中医药学中还有一种中药的概念：所有的动植物、矿物质等都属于中药的范畴。中药是一个非常大的药物概念。凡是中药，都可以食用，只不过是一个用量上的差异而已，也就是说：毒性作用大的食用量小，而毒性作用小的食用量大。因此严格地说，在中医药中药物和食物是不分的，药物也是食物，而食物也是药物。食物的副作用小，而药物的副作用大。这就是"药食同源"的另一种含义。

2021年11月10日，国家卫健委发布《按照传统既是食品又是中药材的物质目录管理规定》，以"食药物质"替代"药食同源"。该规定指出，食药物质是指传统作为食品且列入《中华人民共和国药典》的物质。

食药物质除了通过安全性评价，证明其安全之外，还要符合全国人大常委会关于全面禁止非法野生动物交易、革除滥食野生动物陋习决定的相关规定，符合中药材资源保护、野生动植物保护、生态保护等相关法律法规。

### （三）黄精的食药属性

黄精味甘性平，为百合科多年生草本植物。作为药食两用之植物，主要利用的是黄精的根部。黄精的肉质根要到第三年才开始生长，一年长一节，因此黄精尽得土地之精华，这也是黄精得名的由来。

黄精既是药材又是食品，是原卫生部于2002年公布的第一批87种食用药材之一。《博物志》有云："黄帝问天佬：'天地所生有食之令人不死者乎？'天佬曰：'太阳之草，名曰黄精，食之可以长生。'"这是黄精可以食用的最早记载。

黄精自古是药食两用植物（图1-15）。作为食用，在以前，黄精也是穷苦人家饥饿时的果腹救命之植物。黄精甘美易食，荒年时，可以代粮，谓之余粮、救穷、救荒草，有"仙人余粮"的美誉。而作为药材，黄精一直被视为防老抗衰、延年益寿的珍贵中药材，是很多长寿老人的保养妙方。在古代养生学家眼中，黄精是延年益寿的好东西，有"久服成仙"之说。唐朝诗人杜甫有诗云："扫除白发黄精在，君看他时冰雪容。"可见其对黄精之喜爱（图1-16）。

图1-15　太阳之草——多花黄精被列为药食同源植物

图1-16　九蒸九晒黄精产品深受市场欢迎

黄精的药效功能非常好，具有补肺健脾、补肾益气的作用。现代研究表明，黄精有降血压、降血糖、降血脂，防止动脉粥样硬化之作用，有益于改善人体机能，延缓衰老。临床上常用于治疗冠心病、高脂血症、糖尿病、白细胞减少症、肺结核、慢性肝炎、脑力及睡眠不足、头痛、阳痿（黄精、肉苁蓉各30克，鳝鱼炖服）及癣菌病等。

黄精多糖含量高，是生产保健品的优质原料。炮制好的黄精可直接嚼食，口味极佳，也可泡酒服用。在古代，黄精被归为芝草类，可嚼食饱腹。古代修道之士，在辟谷期间就是靠服食黄精来补充能量的。在很多中药名方中，黄精常作为一种能滋补身体虚脱、倦怠、食欲不振的药材使用。

黄精具有很好的养生功效。《本草纲目》记载："单服九蒸九曝黄精，驻颜断谷，补诸虚，止寒热，填精髓，单服轻身延年不饥。"从中反映出黄精对人体的益处。《中医学基础》记载：肾主藏精，肾的精气盛衰，关系到生殖和后天发育，肾精也是，贯穿着人体的寿夭泰否，人体各种机能获得的物质基础（包括肾阳、肾阴、水、气、髓、精、液、血）关乎着人体机能的根本，故《素问·金匮真言论》说："夫，精者，身之本也。""神气血脉皆生于精，故精乃生身之本。"而食用黄精可补益肾精，筑本固元，是健康和长寿的重要途径。

黄精的食用方法有讲究，黄精并不是在任何情况下都可以食用，生黄精有麻味，刺激咽喉，一般不直接入药。黄精需经过9次晾晒、9次蒸煮后，才能发挥出较好的药效。正常情况下，晒制黄精需要等待20天左右。

目前，市面上的黄精种类繁多，品质也参差不齐。如何区分黄精的好坏呢？黄精的品质标准主要有四条。

A. 品种：黄精分为鸡头黄精、滇黄精和多花黄精三大种类，其中以多花黄精的功效最佳。

B. 药材：作为药材，黄精分为山黄精和地黄精两种，山黄精质量更好，功效更佳。

C.生长年份：黄精的生长年份越长久，品质越好，其功效越佳。

D.加工工艺：黄精的加工工艺对品质的影响很大，品质好的黄精应该是经过精细加工的。

古法炮制黄精，一般先将野生黄精收集、晒干，达到一定数量后，用干黄精制作熟黄精，这样保证加工好的黄精都是新鲜的。古法制作黄精采用"九蒸九晒"，不添加任何物质，蒸晒过程中不能闷也不能捂，阴雨天和晚上也不能堆积起来，加工过程需要宽敞的晾晒场和透明的晾晒棚，尽量避免阴雨天气加工，晒到九成干后成品，一般1千克通过"九蒸九晒"的黄精，需要用6~7千克新鲜的黄精块茎。

## 四、黄精产业发展前景广阔

被誉为"养生圣药"的黄精，在中国已有千年的应用史。如今，黄精在药用、食用两大领域均有较大的发展，是诸多中成药、保健品的主要原料。"九蒸九晒"后的黄精味甘甜，适口性好，风味独特，可作为食品原料，如"九蒸九晒"黄精粳米粥，"九蒸九晒"当归黄精茶等；也可制成保健品，如干支颗粒等；还可与其他药材配伍生产药品，如中成药舒冠颗粒、古方还真二七丹等。"九蒸九晒"的黄精不仅可以用于疾病的预防和治疗，也能用于改善调理人体的身心亚健康状态。

由于黄精独特的保健功效，其内在的价值越来越受到人们的重视，黄精产业发展前景广阔。

（1）由药品开发为主向与功能食品开发并重方向发展

以黄精为原料的食药产品层出不穷。如今，市场上已出现一批以黄精为原料生产的保健药品和保健食品，如黄精赞育胶囊、辉哥牌黄精胶囊、黄精注射液、黄精赤芍冲剂、黄精口服液等，同时涌现出一大批黄精功能食品，如广东连州生产的黄精糯米酒、四川广汉市植化有限公司生产的黄精保健茶，还有黄精杞果花粉滋补保健饮料等。

（2）黄精加工由粗放型向精深加工开发方向发展

随着对黄精的活性成分、药理作用及其机理研究的更加深入，一些保健品企业窥得商机，开发出了一系列以黄精为主的功能保健食品与药膳、滋补食品等。黄精药品开发由传统的饮片、丸、丹、散剂向各种针剂、口服液等方向发展。一些药品企业利用现代技术如超临界$CO_2$流体萃取技术、膜分离技术、纳米技术等，对黄精的有效成分进行提取，分离其活性成分生产制成各种针剂、口服液等。如湖南紫光药业生产的"古汉养生精"，采用高新技术通过古方配制，将黄精加工成口服液，该产品以其独特的功效受到消费者欢迎，已打入国际市场。黄精休闲食品也被越来越多地开发出来。如吕嘉枥等专家将黄精提取液与鲜乳复合经发酵工艺生产保健酸奶；安徽池州等地则以黄精为原料提取生产天然氨基酸饮料。

（3）由单一品种开发向综合开发方向发展

黄精一般只利用地下根茎部分，或只加工成单一品种，其实黄精全身都可利用，黄精的须根占到生物产量的40%，其须根多糖含量高达8.5%，可加工饮料或提取多糖；地上部分可作为菜肴或作为化妆品的原料。总之，黄精保健品和功能食品开发方兴未艾，正由单一品种开发向综合利用方向发展。安徽青阳已建成一家年产360吨黄精蜜饯、4000万支口服液、40万支黄精杞乌膏的工厂。云南建阳、安徽九华山、湖南张家界、贵州等地都相继建起黄精加工厂。

## （一）黄精应用范围广阔

### 1. 临床用药

黄精在临床用药中已相对成熟，被广泛应用在疾病治疗中，并取得了较为显著的效果。黄精在医药上主要以中成药或汤药形式为主，如降脂灵分散片（图1-17）、黄精赞育胶囊、当归黄精膏等。这些药品具有补肾填精功效，用于治疗肾虚精亏、夹湿热型弱精子症、少精子症等引起的男性不育。当归黄精膏的成分有当归、黄精，可养阴血、益肝脾，用于治疗肝脾亏损、身体虚弱、口燥咽干、饮食减少等症状；黄精提取剂如复方黄精注射剂等，具有活血通经、祛瘀止痛的效果，临床上可治疗痛经、跌打损伤等。

图1-17 维康舒神降脂灵分散片

### 2. 保健食品

据统计，截至2019年底，在国家市场监督管理总局注册的以黄精或黄精提取物为原料生产的保健食品共有351个，其中以黄精为主要原料的有307个，以黄精提取物为原料的有44个。其中，308种产品申报的功能主要集中在增强免疫力、缓解身体疲劳、辅助降血糖等方面，产品剂型主要有胶囊、片剂、酒剂、口服液、颗粒剂等（图1-18）。

图1-18 创龄生物近野生铁皮石斛黄精片

### 3. 普通食品

目前，市场上以黄精为主要原料的普通食品多为黄精酒（图1-19）、黄精茶、黄精速溶冲剂、黄精压片糖果、黄精口服液等产品。另外，由于黄精具有抗衰老的作用，对女性美容养颜方面也多有裨益。在食用方面，由于黄精的加工成

图1-19 久泰同欣黄精酒

品口感不错，可以即食，山区老百姓常把它当作蔬菜食用，还有很多黄精菜肴的做法。此外，黄精也可用来泡茶、泡酒，作为煲汤原料，有的还用来制作酵素、果脯（图1-20）等。

图1-20　九华黄精果脯

### 4. 观赏佳品

黄精通常是取根茎食用或药用，其实黄精的花颜值也很高，具有较高的观赏价值。春末夏初，黄绿色花朵形似串串风铃，悬挂于叶腋间，风姿独特（图1-21）；黄精的花期长达20多天，花谢果出，由绿色渐转至黑色、白色、紫色或红色，直至仲秋。从赏花到采果，时间可长达半年，黄精盆景也是不可多得的观赏佳品（图1-22）。

图1-21 多花黄精的花蕾非常独特

图1-22 多花黄精除了药用、食用外,还可盆栽
或院栽观赏

## （二）黄精市场需求量大，供不应求特征明显

目前，野生黄精资源急剧下降，出现过度采挖的状况。据调查，2010年前，黄精市场上野生黄精资源约占70%的市场份额，到2015年底，市场上野生黄精资源下降到40%左右，而到2018年底，锐减至10%左右。2017年全国黄精产量约为1.2万吨，之后，每年约以12%的速度增长，到2019年底约为1.5万吨。而2017年全国黄精需求量约为1.4万吨，其后每年以14%的速度增长，到2019年底约为1.8万吨。市场需求的增速明显大于产量增速，且差距正逐渐拉大，供不应求特征十分明显。

据分析，黄精市场需求加快的原因主要有以下几方面：一是经济增长推动保健消费需求迅速增加；二是经历三年抗疫，人们对中医药越来越重视，市场需求量增加；三是随着道医文化、佛医文化的传播，借助电商销售，黄精产品呈现爆炸式增长；四是黄精产业发展契合了脱贫攻坚和乡村振兴的实际需求，受到不少地方政府的高度重视并加以推动发展。

以黄精为原料的大健康产品的需求不断增加，黄精市场供应缺口仍将持续存在。据调查，云南省医药、生物品加工产业对黄精的需求缺口较大，黄精市场呈现供不应求的局面；安徽、湖南、湖北、四川、江西、广东、福建、浙江、山东、陕西等省也因加工原料需要，黄精需求大增，且将持续较长时期。

相比于其他中药材产业，除了较好的药用价值外，黄精还有一大优势，有些中药材品种，如果多年不采收，其药效就下降了，而黄精则不同，七八年不挖，仍具有较高的药效价值，因此黄精市场出现较大波动时，可以通过延长采收期来平抑市场。因此，业内人士预测，在未来较长一段时期，黄精产业发展前景广阔。

# 第二章　黄精种质资源及易混淆植物鉴别

## 一、黄精的基原与黄精属植物鉴别

### （一）中药材基原的概念

中药材基原是指用于制备中药的植物、动物的自然物质，是中药制剂的原始材料。根据其来源和性质的不同，可以将中药材基原分为植物性和动物性两类。

①植物性中药材基原包括花、叶、果实、种子、根、茎、皮等各个部位，如银花、菊花、桂枝等。

②动物性中药材基原包括动物的各个部位或分泌物，如蜂蜜、龟板、麝香等。

植物类中药材在《中国药典》中占大多数，其多基原和同基原多药用部位品种数量远多于动物类中药材，而矿物类中药材无基原和药用部位一说。

中药材因成分复杂，质控难度较大。《中国药典》所载中药材中多基原几乎占1/3，多部位也有近1/5，更增加了中药材的质控难度。随着现代中药新技术的发展，中药质量标志物、中药网络药理学、中药代谢组学和中药超分子等体现中医药研究的整体性和动态性等特点的中药评价新模式为中药材质量控制提供了新思路，但药典从品种源头完善现行中药材标准仍是可行对策。

根据2020年版《中国药典》规定，中药材黄精（*Polygonati rhizoma*）包括黄精（*Polygonatum sibiricum* Red.）、多花黄精（*P. cyrtonema* Hua）与滇黄精（*P. kingianum* Coll.et Hemsl.）三种基原植物（图2-1），以其干燥的根茎入药，分别习称"鸡头黄精""多花黄精"或"姜形黄精"以及"大黄精"。

图2-1 《中国药典》三种黄精来源——鸡头黄精、滇黄精、多花黄精

### （二）黄精属植物分类与鉴别

黄精属（*Polygonatum* Mill.）植物在全世界有60余种，广布于北温带，主要分布于东喜马拉雅至横断山脉地区。我国有31种，约占世界种类的一半，有许多种是该属植物的分布中心和分化中心。黄精属植物中具圆柱形根茎者在中药中作玉竹用，而具块状根茎者作为黄精类使用。传统认为黄精属具有块状根茎且味甜者都可入药，而味苦的黄精不可入药，详见表2-1。

黄精的属名（*Polygonatum*）是"许多膝关节"的意思，说明黄精属植物的根茎有类似的特征，呈一节节状，就如许多膝关节拼接在一起。

表2-1　百合科黄精属分种及主要特征鉴别方法

| 序号 | 植物名称 | 茎秆 | 叶 | 花序 | 花被 | 花 | 根状茎 |
|---|---|---|---|---|---|---|---|
| 1 | 二苞黄精 | 茎高20~50cm,具4~7叶,植株无毛 | 叶互生,卵形,卵状椭圆形至短圆状椭圆形,长5~10cm,先端短渐尖,下部具短柄,上部近无柄 | 花序具2花,总花梗长1~2cm,顶端具2枚叶状苞片,苞片生于花梗基部,俩俩成对,包着花 | 花被绿白色至淡黄绿色,长23~25mm | 花丝长2~3mm,向上略弯,两侧扁,具乳头状突起,花柱长18~20mm,等长于或稍伸出花被之外 | 细圆柱形,直径3~5mm |
| 2 | 长苞黄精 | 茎高20-30cm,植株无毛 | 叶互生,矩圆状椭圆形,长6~8cm,先端短渐尖 | 花序具1~2花,花梗上具1枚叶状苞片,苞片披针形至宽卵形,生于花梗顶端 | 花被白色,全长约2.3cm | 雄蕊6,花丝扁干花被筒2/3处着生,花药长4mm,花柱长1.5cm | 根状茎细圆柱形,直径约3mm |
| 3 | 大苞黄精 | 茎高15-30cm,花和茎的下部以外,其他部分疏生短柔毛 | 叶互生,狭卵形,卵形或短状椭圆形,长3.5~8cm | 花序通常具2花,生叶腋间,总花梗长4~6mm,顶端有3~4枚叶状苞片 | 花被片6,淡绿色,全长11~19mm | 花丝下部贴生花被筒上,上部离生 | 具瘤状结节而呈不规则的连珠状或圆柱形,直径3~6mm |
| 4 | 毛筒玉竹 | 茎高50-80cm,具6~9叶 | 叶互生,具短柄 | 花序具2~3花,总花梗长2~4cm | 花被绿白色,全长18~23mm | 筒内花丝贴生花部分具短绵毛 | 圆柱状,直径6~10mm |
| 5 | 五叶黄精 | 较矮小,20~30cm,叶4~5枚,长7~9cm | 叶互生,具短柄 | 花序具(1~)2花,总花梗长1~2cm | 花被白绿色,全长2~2.7cm | 筒内花丝贴生花部分具短绵毛 | 圆柱状,直径3~4mm |

续表

| 序号 | 植物名称 | 茎秆 | 叶 | 花序 | 花被 | 花 | 根状茎 |
|---|---|---|---|---|---|---|---|
| 6 | 小玉竹 | 茎高25~50cm，具7~9（~11）叶 | 叶互生，椭圆形、长椭圆形或卵状椭圆形，长5.5~8.5cm，先端尖至略钝，下面具短糙毛 | 花序通常仅具1花，花梗长8~13mm，显著向下弯曲 | 花被白色，顶端带绿色，全长15~17mm | 花丝长约3mm，稍两侧扁、粗糙 | 细圆柱形，直径3~5mm |
| 7 | 玉竹 | 茎高20~50cm，具7~12叶 | 叶互生，椭圆形至矩圆形，长5~12cm，先端尖，下面带灰白色，下面脉上平滑至呈乳头状粗糙 | 花序具1~4花（在栽培情况下，可多至8朵），总花梗（单花时为花梗）长1~1.5cm，无苞片或有条状披针形苞片 | 花被黄绿色至白色，全长13~20mm | 花丝丝状，近平滑至具乳头状突起，花药长约4mm，花柱长10~14mm | 圆柱形，直径5~14mm |
| 8 | 热河黄精 | 茎高30~100cm | 叶互生，无柄 | 花序具（3~）5~12（~17）花，近伞房状，总花梗长3~5cm | 花被白色或带红点，全长15~20mm | 花丝长约5mm，具3狭翅呈皮肩状粗糙 | 根状茎圆柱形，径1~2cm |
| 9 | 距药黄精 | 茎高40~80cm | 叶互生，矩圆状披针形，少有长矩圆形，长6~12cm，先端渐尖 | 花序具2~3花，总花梗长2~6cm | 花被淡绿色，全长约20mm | 花丝长约3mm，略两侧扁，具弯曲、乳头状突起，顶端在药背处有长约1.5mm的距 | 连珠状，直径10mm |
| 10 | 阿里黄精 | 茎高达1m，具12~23叶 | 叶互生，卵状披针形至披针形，长8~20cm | 花序具2~4花，多少伞形，总花梗长1~2cm | 花被全长约20mm | 花丝长约5mm，下部两侧扁，上部丝状，近平滑 | 根状茎多少呈珠连状，直径约1cm |

续表

| 序号 | 植物名称 | 茎秆 | 叶 | 花序 | 花被 | 花 | 根状茎 |
|---|---|---|---|---|---|---|---|
| 11 | 长梗黄精 | 茎高30~70cm | 叶互生,矩圆状披针形至椭圆形,先端尖至渐尖,长6~12cm,下面脉上有短毛 | 花序具2~7花,总花梗细丝状,长3~8cm | 花被淡黄绿色,全长15~20mm | 筒内花丝贴生部分稍具短绵毛 | 根状茎连珠状或有时间节稍长,直径1~1.5cm |
| 12 | 多花黄精 | 茎高50~100cm,通常具10~15枚叶,叶下面无毛 | 叶互生,椭圆形、卵状披针形至矩圆状披针形,少有稍作镰状弯曲,长10~18cm,宽2~7cm,先端尖至渐尖 | 花序具(1~)2~7(~14)花,伞形,总花梗长1~4(~6)cm | 花被黄绿色,全长18~25mm | 花丝长3~4mm,两侧扁或稍扁,具乳头状突起至具短绵毛,顶端稍膨大乃至具囊状突起 | 根状茎肥厚,通常连珠状或结节成块,少有近圆柱形,直径1~2cm |
| 13 | 节根黄精 | 茎高15~40cm,具5~9叶 | 叶互生,卵状椭圆形或椭圆形,长5~7cm,先端尖 | 花序具1~2花,总花梗长1~2cm | 花被淡黄绿色,全长2~3cm | 花被筒里面花丝贴生,部分分粗糙至具短绵毛,口部稍缢缩 | 根状茎较细,结节膨大呈连珠状或少呈连珠状,直径5~7mm |
| 14 | 滇黄精 | 茎高1~3m,顶端作攀援状 | 叶轮生,每枚3~10枚,条形、条状披针形或披针形,长6~(20~25)cm,宽3~30mm,先端拳卷 | 花序具(1~)2~4(~6)花,总花梗下垂,长1~2cm | 花被粉红色,长18~25mm | 花丝长3~5mm,丝状或两侧扁 | 近圆柱形形近连珠状,结节有时作不规则萎缩 |
| 15 | 独花黄精 | 高不及10cm,植株矮小 | 叶只有10余枚,下部少数的叶为互生,上部的叶为对生或近轮生,先端略尖 | 全株仅生1花,位于最下的一个叶腋内 | 花被紫色,全长15~20(~25)mm | 花丝极短,长约0.5mm,花药长约1.5~2mm,花柱长约2mm | 圆柱形,结节处稍有增粗,节间长2~3.5cm,直径3~7mm |

续表

| 序号 | 植物名称 | 茎秆 | 叶 | 花序 | 花被 | 花 | 根状茎 |
|---|---|---|---|---|---|---|---|
| 16 | 点花黄精 | 茎高(10~)30~70cm，通常具紫红色斑点。有时上部生乳头状突起。 | 叶互生，有时二叶可较接近 | 总花梗长5~12cm，上举而花后平展 | 花被白色，全长7~9(~11)mm，花被合生成坛状 | 花丝长0.5~1mm，花药长1.5~2mm，花柱长1.5~2.5mm，柱头稍膨大 | 根状茎多少呈连珠状，直径1~1.5cm，密生肉质须根 |
| 17 | 短筒黄精 | 茎高达40cm | 叶互生，质地较厚，矩圆状披针形 | 花单朵或成对生于叶腋 | 花被近钟形，长7~8mm，仅基部合生成筒，筒长1~2mm | 花丝极短，长约0.5mm，着生于花被片中部 | 不规则圆柱形 |
| 18 | 对叶黄精 | 茎高40~60cm | 叶对生，横脉显而易见，卵状矩圆形至卵状披针形，先端渐尖，有长达5mm的短柄 | 花序具3~5花，总花梗长5~8mm，俯垂 | 花被白色或淡黄绿色，全长11~13mm | 花丝长3.5~4mm，丝状，具乳头状突起 | 不规则圆柱形，多少有分枝，直径1~1.5cm |
| 19 | 棒丝黄精 | 茎高0.6~2m | 叶较大部分为对生，有时上部或下部有1~2叶散生，少有3叶轮生的，披针形或矩圆状披针形，近无柄或略具短柄，下面带灰白色 | 花序具(1~)2~3花，总花梗长1.5~3cm，俯垂 | 花被圆筒形或多少呈钟形，浅黄色或白色，全长11~15mm | 花丝长2~3mm，向上弯曲，顶端膨大呈囊状 | 连珠状，结节不规则球形，直径约1.5cm |

续表

| 序号 | 植物名称 | 茎秆 | 叶 | 花序 | 花被 | 花 | 根状茎 |
|---|---|---|---|---|---|---|---|
| 20 | 格脉黄精 | 茎高50~80cm | 叶轮生,每轮3~5枚,很少同有对生的,矩圆状披针形至披针形,有时略偏斜,先端渐尖,革质,横脉明显 | 花轮生叶腋,每轮(1~)3~12朵,不集成花序,平展或稍俯垂,无苞片 | 花被黄色,全长10~12mm | 花丝长约3mm;略扁平,呈乳头状粗糙 | 根状茎粗壮,连珠状,直径约1.5cm |
| 21 | 粗毛黄精 | 茎高30~100cm,全株除花之外具短硬毛 | 叶全部为互生至有对生,或绝大多数为3叶轮生 | 花序具(1~)2~3花,总花梗长1~10mm | 花被白色,全长7~8mm | 花丝极短,长约0.5mm | 连珠状,结节近卵状球形,直径1~2cm |
| 22 | 互卷黄精 | 茎高80~170cm,上部呈之形弯曲 | 叶互生,矩圆状披针形至披针形,先端拳卷,边缘略呈皱波状 | 花序具1~5花,呈总状,总花梗长1~1.5cm,上举而上端略俯垂 | 花被长7~8mm,仅下部2~3mm合生成筒 | 花丝长不及1mm | 连珠状 |
| 23 | 轮叶黄精 | 茎高(20~40)~80cm | 叶通常为3叶轮生,或间有少数对生或全生的,少有全株为对生的 | 花单朵或2~3(~4)朵成花序,总花梗长1~2cm | 花被淡黄色或淡紫色,全长8~12mm | 花丝长0.5~1(~2)mm | 根状茎的节间长2~3cm,一头粗,一头较细,粗的一头有短分枝,直径7~15mm,少有根状茎为连珠状 |

续表

| 序号 | 植物名称 | 茎秆 | 叶 | 花序 | 花被 | 花 | 根状茎 |
|---|---|---|---|---|---|---|---|
| 24 | 康定玉竹 | 茎高 8~30cm,叶 4~15枚 | 下部的为互生或同有对生,上部的以对生以多,顶端的常为3枚轮生 | 花序通常具2~3朵花,总花梗长2~6mm | 花被淡紫色,全长6~8mm,筒里面平滑或呈乳头状粗糙 | 花丝极短 | 细圆柱形,近等粗,直径3~5mm |
| 25 | 垂叶黄精 | 茎高15~35cm,具很多轮叶 | 叶多数为3~6枚轮生,很少同有单生或对生的 | 单花或2朵成花序,总梗(连同花梗)稍短至稍长于花 | 花被淡紫色,全长6~8mm | 花丝长约0.7mm,稍粗糙 | 圆柱状,常分出短枝,或成短枝极短而呈连珠状,直径5~10mm |
| 26 | 细根茎黄精 | 茎细弱,高10~30cm | 具1~3轮叶,有一叶或二对生叶,下部1轮通常为3叶,顶生1轮为3~6叶 | 花序通常具2花,总花梗细长,长1~2cm | 花被黄色,全长6~8mm | 花丝极短,长约0.5mm | 细圆柱形,直径2~3mm |
| 27 | 狭叶黄精 | 茎高达1m | 具很多轮叶,上部各轮较密接,每轮具4~6叶 | 花序从下部3~4轮叶腋间抽出,具2花,总花梗和花梗都极短,俯垂,前者长2~5mm,后者长1~2mm | 花被白色,全长8~12mm,花被筒在喉部稍缢缩 | 花丝丝状,长约1mm | 圆柱状,结节稍膨大,直径4~6mm |
| 28 | 新疆黄精 | 茎高40~80cm | 叶大部分每3~4枚轮生,下部少数可互生或对生,披针形至条状披针形 | 总花梗平展或俯垂,长1~1.5cm | 花被淡紫色,长10~12mm | 花丝极短 | 细圆柱形,粗细大致均匀,直径3~5mm,节间长3~5cm |

续表

| 序号 | 植物名称 | 茎杆 | 叶 | 花序 | 花被 | 花 | 根状茎 |
|---|---|---|---|---|---|---|---|
| 29 | 黄精 | 茎高50~90cm,或可达1m以上,有时呈攀援状 | 叶轮生,每轮4~6枚,条状披针形,长8~15cm,宽(4~)6~16mm,先端拳卷或弯曲成钩 | 花序通常具2~4朵花,似成伞形状,总花梗长1~2cm | 花被乳白色至淡黄色,全长9~12mm | 花丝长0.5~1mm | 圆柱状,由于结节膨大,因此节间一头粗、一头细,在粗的一头有短分枝(中志称这种根状茎类型所制成的药材为鸡头黄精),直径1~2cm |
| 30 | 卷叶黄精 | 茎高30~90cm | 叶通常每3~6枚轮生,下部有少数散生的,细条形至条状披针形,少有矩圆状披针形,先端拳卷或弯曲成钩状,边常外卷 | 花序轮生,通常具2花,总花梗长3~10mm | 花被淡紫色,全长8~11mm,花被筒中部稍缢狭 | 花丝长约0.8mm | 根状茎肥厚,圆柱状,直径1~1.5cm,或根状茎连珠状,结节直径1~2cm |
| 31 | 湖北黄精 | 茎直立或上部少有些攀援,高可达1m以上 | 叶轮生,每轮3~6枚,叶形较大,变异大,椭圆形、矩圆状披针形至条形,先端拳卷至稍弯曲 | 花序具2~6(~11)花,近伞形,总花梗长5~(20~40)mm | 花被白色或淡黄绿色或淡紫色,全长6~9mm,花被筒近喉部稍缢缩 | 花丝长0.7~1mm | 连珠状或姜块状,肥厚,直径1~2.5cm |

　　黄精为多基原药材，且所含化学成分复杂多样，包括多糖、甾体皂苷、三萜、生物碱、木脂素、黄酮、植物甾醇等，其中多糖和甾体皂苷类成分在黄精中含量较大，为其主要药效成分。《中国药典》2015年版仅规定了黄精多糖含量限度，其测定方法的专属性不强，仅以多糖为质量控制指标，难以反映黄精的质量特点。黄精的近代药理研究表明，黄精中含黄精多糖、黄精低聚糖、甾体皂苷类、琨类、黏液质、氨基酸和锌、铜铁等微量元素。现代药理实验显示，黄精中的低聚糖含量很高，低聚糖具有很好的保健作用。中医理论上滋阴功效与低聚糖有着密不可分的联系。

　　黄精在"属"一级上分类特征比较清晰，与同"科"和同"族"的近缘类群均容易区分，是公认的比较自然的属。因此，属内各成员之间的亲缘关系和演化路线相对较为清晰。该属分为2个组，即 Sect. Polygonatum 和 Sect. Verticillata。前者包括苞叶系、互叶系和短筒系；后者包括独花系、点花系、对叶系、滇黄精系和轮叶系。

　　虽然《中国药典》2015年版规定入药的是黄精、滇黄精和多花黄精三种，然而民间入药却很混乱，如对叶黄精、热河黄精、长梗黄精、轮叶黄精、卷叶黄精、湖北黄精、距药黄精等在民间都有广泛的应用。目前市场上对叶黄精、热河黄精、长梗黄精、卷叶黄精等其他黄精属植物代替黄精入药的案例屡见不鲜，甚至一些伪品黄精也被做成饮片代替黄精流入市场，如苦黄精、大玉竹等，使得市场上黄精来源混乱，药品质量降低。

## 二、黄精基原植物形态特征

　　我国黄精属植物根据叶序类型可分为轮生叶和互生叶2类，其中轮生叶类型中以黄精资源最丰富，分布范围最广，主要集中在长江以北的河北、内蒙古等地；其次为滇黄精，主要分布于云南、四川等地；而互生叶类型中以多花黄精资源最丰富，分布在长江以南的安徽、湖南、贵州、浙江、江西等地。

根据原植物和药材性状的差异，黄精可分为大黄精、鸡头黄精和姜形黄精三种。大黄精(又名碟形黄精)的原植物为滇黄精，鸡头黄精的原植物为黄精，而姜形黄精的原植物为多花黄精。三者中以姜形黄精质量最佳。

### （一）滇黄精

植株高 1~3m（比另两种都高大），顶端常作缠绕状，叶轮生，无柄，每轮 4~8 枚，条形、条状披针形或披针形，叶先端拳卷（图2-2）。花被筒状，常带粉红色（图2-3至图2-7）。

滇黄精主要分布在我国云南、四川、贵州，越南和缅甸也有分布。根茎肥大粗壮，呈姜块状或近连珠状，直径 3~5cm 或 5cm 以上，结节长度可达 10cm 以上，茎痕明显（图2-8）；或圆盘状（图2-9），直径 5~8mm，有众多须根，须根痕常突出，直径约 2mm（图2-10）。气微，味甜。

图2-2 滇黄精轮生的叶片和叶先端拳卷

图2-3 滇黄精花被片颜色，每张叶腋间都有1个花序，每个花序有小花2~4朵，2朵为多

图2-4 滇黄精未成熟果实

图2-5 滇黄精成熟果实,在3种黄精原植物
中其果实最大

图2-6 滇黄精植株蔓状生长

图2-7　滇黄精新鲜根茎,红圈中为茎痕,茎痕较小,尤其是与节对比,是3种黄精中相对比例最小的

图2-9　滇黄精的结节以圆状为主,或是比较规则的块状。长得大一点的结节看起来就跟土豆类似,是圆状的或是块状的,比较规则,一般没有突起的地方

图2-8　滇黄精新鲜根茎,反面,近连珠状

图2-10　九制后的滇黄精,外观横纹比较明显,表皮比较厚;茎痕较小,微凹;结节是块状或是圆珠状,规则,没有突起端

## （二）黄精

黄精入药称为"鸡头黄精"，地上茎上端稍呈攀援状，高50~80cm，叶轮生，无柄，每轮4~6枚，叶线状披针形，先端略卷曲（图2-11至图2-13）。根状茎圆柱形，结节处膨大，一头粗一头细，形似鸡头，故又名"鸡头黄精"（图2-14）。结节的长度为2.5~11cm（图2-15至图2-19）。

图2-11　鸡头黄精叶轮生，以4枚轮生为主，无柄，叶片先端稍卷曲，地上茎稍呈攀援状，非真正直立性状

图2-12　鸡头黄精叶无柄,叶腋生出花序2个,每个花序有小花2朵

图2-13　鸡头黄精果实,较小

图2-14　鸡头黄精新鲜根茎,一端粗
　　　　一端细,呈鸡头状,每节由
　　　　粗到细变化急骤,是鸡头
　　　　黄精根茎的形态特征之一

图2-15 黄精（鸡头黄精）新鲜根茎，一端粗一端细，呈鸡头状，每节由粗渐变为细，是鸡头黄精形态特征之一。茎痕大小中等，与节的大小相对比例要比滇黄精大，但小于多花黄精（姜形黄精）。上图共9个结节，代表生长了9年，从右到左，每个结节生长的年限为9年、8年、7年、6年、5年、4年、3年、2年、1年

图2-16 鸡头黄精同一个根茎，从侧面看每节连接部位的过渡较为平缓

图2-17 黄精根茎的头部结节比较大，结节处有两个突起地方，一个大，一个小。大的形成"鸡头"，小的形成"鸡冠"，中间形成"鸡眼"

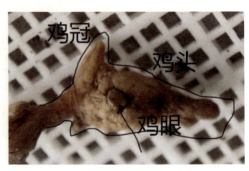

图2-18　九制后的鸡头黄精，表面光滑，看不出横纹，在结节处有两端突起，一边大一边小，形似鸡头；茎痕较小、微凹

图2-19　鸡头黄精疤痕特写

### （三）多花黄精[①]

如图2-20至图2-34所示，多花黄精因花丝顶端有囊状突起，也叫"囊丝黄精"，根茎略扁呈姜块状，药材名为"姜形黄精"。植株高50~100cm，小于滇黄精，叶互生，椭圆形或卵状披针形，花腋花，每个花序有花3~5朵或更多，果实比黄精（鸡头黄精）大，比滇黄精小。

---

①注：本章节部分图片来源"思辨本草"公众号，特此说明。

图2-20　多花黄精植株整体形态叶较宽且叶脉明显隆起是与另外2种黄精最显著的差异

图2-21　多花黄精的花与一些中药书上描述的不符,实际上多花黄精有时1个花序1朵花,
　　　　而有的多达7朵以上,花的数量与生长环境有关

图2-22 多花黄精的果实(图中花序实际有7朵,最终结实为7个,花朵和果实数量受发育情况影响较大)

图2-23 多花黄精谢花后进入结果初期

图2-24 多花黄精的新鲜根茎，根茎状如姜块，其表皮横纹较深，较长中茎痕粗大，与节相对占比大，是3种黄精中茎痕最显著的

图2-25 多花黄精的新鲜根茎表面有一排圆盘状的茎痕，它其实是黄精禾苗掉落后结的疤

图2-26 多花黄精根须沿着茎痕四周分布，呈圆环状，根须外围的茎块也呈圆环状，三者呈同心圆状，人们很形象地称其为念珠黄精

图2-27 这款多花黄精果肉较小，结节处角质较厚，需要修剪，修剪后所剩无几，通常用来制作黄精茶

图2-28 茎块似竹节的结块呈圆柱体，平面看似长方形

图2-29 茎块表皮横纹酷似竹纹，人们称其为姜形竹节黄精

图2-30 根须分布杂乱,没有规律

图2-31 结节块状表面光滑,通常这个部位的黄精果肉品质最好,用来制作黄精果脯最佳,其他部位适合用来制作黄精茶或黄精粉

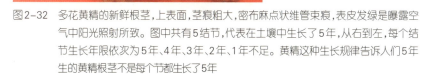

图2-32 多花黄精的新鲜根茎,上表面,茎痕粗大,密布麻点状维管束痕,表皮发绿是曝露空气中阳光照射所致。图中共有5结节,代表在土壤中生长了5年,从右到左,每个结节生长年限依次为5年、4年、3年、2年、1年不足。黄精这种生长规律告诉人们5年生的黄精根茎不是每个节都生长了5年

图2-33 多花黄精的新鲜根茎,下表面,须根痕突起明显,隆起的波状环节较多

图2-34 多花黄精的新鲜根茎,除了姜块状外,其根茎有时稍带圆柱状

既然我们已经学会区分这三大类黄精（图2-35），那么在食用上它们又有哪些区别呢？这三款黄精中哪个最好？

姜形黄精　　　　　　　鸡头黄精　　　　　　　滇黄精

图2-35　三大类黄精根茎区别

黄精的有效成分主要来源于黄精多糖和皂苷。

黄精多糖的含量：姜形黄精>鸡头黄精>滇黄精

皂苷的含量：姜形黄精>鸡头黄精>滇黄精

从口感上来说，鸡头黄精最清甜，姜形黄精甜中带回甘，因为姜形黄精皂甘含量高，口感有点类似于人参、西洋参的参味。而滇黄精在三种黄精中甜味最淡、品质最差，并带有一股清苦味，俗称烟熏味。

因此，大家在选择黄精产品的时候，要擦亮眼睛，不仅要看黄精的质量、品相，更要关注黄精中的有效成分和食用价值。

## 二、药用黄精加工形成的药材特征[①]

根据原植物来源不同，黄精药材分为滇黄精（大黄精）、黄精（鸡头黄精）、多花黄精（姜形黄精），而根据加工方法又可将黄精分为生黄精个、生黄精片、熟黄精。生黄精个切片则为生黄精片。生黄精是指采收的新鲜黄精用沸水氽（入沸水稍煮）过，暴晒至干；生黄精也有直接晒干，或在晒的过程中进行揉搓的。而熟黄精是指将新鲜

---

① 本章节部分图片来自"濒湖药苑"公众号，特此说明。

黄精根茎先蒸煮一天，再闷一夜，再晒一天，再蒸煮，如此反复，九蒸九晒，最后呈乌黑色。黄精，作为九蒸九晒工艺的典型应用案例，在《食疗本草》中早有记载："饵黄精……密盖，蒸之，令气溜，即暴之第一遍，蒸之亦如此，九蒸九曝"（图2-36）为什么生晒不适合黄精呢？直接晒，肥厚的黄精肉不容易晒干，反而有霉烂变质的风险，另外，黄精块茎中含有大量的草酸钙针晶，如果蒸制火候不够，针晶会刺激人体黏膜细胞，极有可能会引起咽喉发炎。

图2-36 九蒸九晒后的黄精

### （一）滇黄精药材，即大黄精

该种主要特征是肥厚肉质，个头大，结节长可达10cm以上，如图2-37至图2-40所示。

图2-37　滇黄精个子,属于生黄精个子,加工时用灶火炕和滚筒去皮,再用太阳晾晒,市场上混有硫磺熏制的,注意辨认

图2-38　滇黄精的新鲜片,在竹编具上晾晒

图2-39　滇黄精的生黄精片,加工时趁鲜切片,晒干或烘干

图2-40　滇黄精无硫个子,生黄精个子,炕干

## （二）黄精药材，即鸡头黄精

该种重要特征为结节呈鸡头状，一端粗一端细，单个结节上往往有短分枝（分歧状），如鸡爪，茎痕较小，如图2-41和图2-42所示。

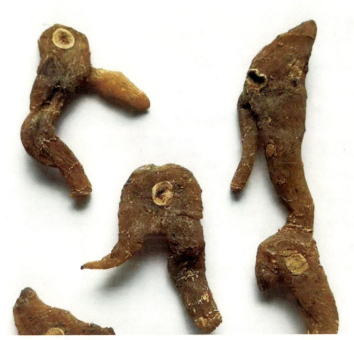

图2-41　鸡头黄精药材，为生黄精个子，节上有短分枝（分歧状）

图2-42　鸡头黄精放大形态，每一节根茎上都有一个短分枝（分歧状），波状环节明显，一端粗一端细，细端较长，似鸡头

### （三）多花黄精的药材，即姜黄精①

如图2-43和图2-44所示，多花黄精呈长条结节块状，数个相连，略扁平似姜，节上有突出、大而明显的圆盘状茎痕，靠近芽痕处环节密集。

图2-43　多花黄精，属于生黄精个子，茎痕处环节密集

图2-44　多花黄精，放大形态，根茎分枝相连接

①本章节部分图片来自"思辨本草"公众号，特此说明。

除了以上3种正品黄精外，黄精属其他多种植物也作黄精使用，如卷叶黄精，为地方习用品，部分根茎味苦不能药用。再如湖北黄精，又名苦黄精，根茎味苦，少数地区采挖，切片销售。传统经验认为，黄精以块大、肥润、色黄、断面呈"冰糖碴"样者为佳。味苦者不可药用。"冰糖碴"专指块大、色黄、质润泽的黄精的透明断面。图2-45所示为姜黄精断面，中心色深，质润，黏性强，出现了冰糖碴样。

临床上看到的黄精都是经过酒制后的饮片，为不规则的厚片，表面棕褐色至黑色，有光泽，中心棕色至浅褐色，可见筋脉小点；质较柔软；味甜，微有酒香气（图2-46）。

图2-45　多花黄精断面，点状维管束，质润，略带油性和黏性，冰糖碴样

图2-46　酒黄精，为鸡头黄精炮制而成

## 三、我国三大黄精的地理分布

多花黄精在南方地区分布最多，主要集中在湖南、湖北、安徽、浙江等地；滇黄精主要分布于云南、贵州及四川；鸡头黄精主要分布在河北遵化、兴隆、承德，内蒙古武川、卓资、凉城。

### （一）滇黄精主要分布地区

滇黄精（图2-47）主要分布在海拔1400~2600m的地方，上层植物以灌木丛为主，土壤多为红壤。

①滇黄精主要分布于云南师宗、罗平、楚雄、大理。

②云南省全境的降雨量在地域上的分配是非常不均匀的，这就导致了喜阴湿环境的滇黄精分布也随之不同。

### （二）鸡头黄精主要分布地区

鸡头黄精生长特点突出（图2-48），主要分布在海拔920~1930m的岩石、山崖、灌木丛及林缘。

图2-47　滇黄精的新鲜根茎

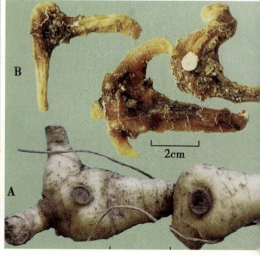

图2-48　鸡头黄精的新鲜根茎与加工成的个子

①内蒙古鸡头黄精分布在阴山山脉的武川、卓资、凉城，年降雨量基本为350~390mm；

②河北鸡头黄精分布在遵化、兴隆两地，其均位于燕山山脉，年均降雨量为751mm，年平均温度9℃；

③湖南祁东、安化也有鸡头黄精分布，且数量较多。

### （三）多花黄精主要分布地区

多花黄精（图2-49）主要分布在海拔300~800m的地方，野生群落中上层植物主要为竹子和落叶阔叶林，生于林下阴湿处。

多花黄精主要分布于浙江磐安、江山、乐清，安徽青阳、南陵、金寨、霍山，湖南祁东、安化、沅陵，湖北九资河。

在华东及华北南部，降雨量充足且年温差较大的地区多花黄精长势较好，数量多。其中，湖南和安徽两省蕴藏量很大。

图2-49 多花黄精的新鲜根茎

　　黄精在我国分布广泛，但鸡头黄精的地域性很强，分布集中，各品种黄精的环境适应性较弱。黄精药材各品种喜阴湿、通风好的环境，生于沟谷、灌丛、悬崖、岩石、疏林及林缘，但黄精多分布于山脊两侧，多花黄精主要分布于背阴的山体一侧，滇黄精较多分布于灌木丛中。虽然黄精分布广泛，但是各产地均呈现零散的落状分布，产地范围逐渐缩小，蕴藏量急剧减少。黄精为多年生植物，需要4~5年才能入药，目前黄精的人工种植规模较小，应当加紧研究其栽培技术，及早解决黄精药用植物资源的可持续利用问题，保障市场供应。

## 三、几种容易混淆植物的鉴别方法[①]

　　黄精属在野外的地理环境基本涵盖了我国各省地区。各地也都有自己传统的采药经验和命名，甚至各地方药材标准也不太统一。

　　因此民间叫法就包罗万象了。大致上，一般把根状茎中节部膨大呈结节类的称为"黄精"，如多花黄精、黄精、湖北黄精、滇黄精、长梗黄精、狭叶黄精、轮叶黄精等。根状茎膨大不明显，呈圆柱形的称为"玉竹"，如玉竹、小玉竹、康定玉竹、毛筒玉竹等（图2-50）。

黄精类

玉竹类

图2-50　黄精类与玉竹类的根状茎区别

　　① 本章节部分图片来自"药用植物图鉴"和"花草莫愁"公众号，特此说明。

### （一）黄精属常见5种植物的鉴别

世界上黄精属植物约有60余种，分布于北温带。其中我国就占有31种，分布于全国各地，尤以西南地区居多。由于该属植物形态上存在的过渡性、地理分布的重叠性使得本属植物的种间区别趋于复杂，种间划分较困难。这也是黄精属植物鉴别困难的原因。

《中国植物志》（1978年版）依据黄精属植物形态有无苞片、叶序类型、花被筒的长度、花被的形状、花药的长短以及子房的形状，将该属分为8个系：苞叶系、互叶系、滇黄精系、独花系、点花系、短筒系、对叶系、轮叶系。

如图2-51所示，玉竹、多花黄精、小玉竹、热河黄精、长梗黄精是五种常见易混植物，全部都来自黄精属的互叶系。

这五种最简单的区分方法就是从地理分布上进行区分。

通过图2-51所示的植物分布的区域位置，能让我们较为简单地了解这几种植物分布情况，也能方便我们的鉴别。北方地区主要分布的是玉竹、热河黄精、小玉竹；而南方分布的是玉竹、长梗黄精和多花黄精，植物特征如图2-52至图2-60所示。

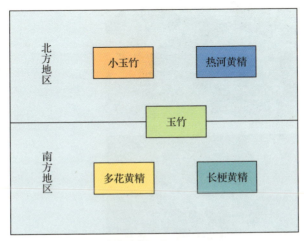

图2-51　5种黄精属植物的地理分布

图2-52　玉竹地上部特征

图2-53　玉竹地下根状茎

图2-54（a）　小玉竹地上部特征

图2-54（b）　小玉竹根状茎

图2-55　热河黄精地上部特征　　　图2-56　热河黄精地下根状茎

图2-57　多花黄精地上部
　　　　特征

图2-58　多花黄精果实　　　图2-59　多花黄精花序特征

图2-60　长梗黄精花序特征

**1. 北方系——玉竹、小玉竹、热河黄精之间的区分**

因为这3种植物共同生长在我国的东北、华北地区，为北方地区常见黄精属植物。三者之间存在着生长区域重叠，且外形相似不容易区分。

这三者中最容易区分识别出来的就属小玉竹了，小玉竹从名字上就不难理解，就像缩小版的玉竹。

（1）从花序特征进行识别

小玉竹：植物茎多直立生长，花序具1花，根茎细小（图2-61）。

图2-61　小玉竹原植物

玉竹：花序上有花1~4朵，一般花序多见2朵花，且总花梗较短，仅为1~1.5cm。

热河黄精：花序上花众多，有（3~)5~12(~17）朵花，均在3个以上，呈近伞房状，总花序梗3~5cm，长度也远超玉竹。一句话总结，玉竹梗短花稀少，热河黄精梗长，花众多呈伞房（图2-62）。

（2）从叶形状进行识别

玉竹叶多平展，叶缘两侧平直；热河黄精叶多明显皱缩波浪状（图2-63）。这一点植物志上并没有提到，但在野外鉴别这两种植物屡试不爽。

图2-62  玉竹与热河黄精的花序识别

图2-63  玉竹与热河黄精的叶形识别

（3）从地下根茎进行鉴别

玉竹根茎顺直呈圆柱形，无明显膨大节部；而热河黄精根茎多明显结节；小玉竹和玉竹根茎类似，就是比较细小（图2-64）。

玉竹根茎　　　　　　小玉竹根茎　　　　　　热河黄精根茎

图2-64　玉竹、小玉竹与热河黄精的根茎对比鉴别

**2.南方系——玉竹、多花黄精、长梗黄精之间的区分**

这三种植物在南方一带也多生长在林下、灌丛或山坡阴处，生长环境类似，甚至经常伴生，容易混淆，甚至导致有的黄精药材种植基地引种成长梗黄精，得不偿失。

（1）从花序上鉴别

玉竹：花序具花1~4朵，总花梗（单花时为花梗）长1~1.5cm。

多花黄精：花序具花（1~）2~7（~14）朵，呈伞形，总花梗粗短，长约为1~4（~6)cm。

长梗黄精：花序具花2~7朵，总花梗细丝状，长3~8cm。

总结来说，玉竹花稀疏，多花黄精总花梗短粗一些，花较多，长梗黄精总花梗较长，呈细丝状（图2-65）。

玉竹

多花黄精

长梗黄精

图2-65　玉竹、多花黄精、长梗黄精花序对比鉴别

（2）多花黄精、长梗黄精和玉竹的鉴别

玉竹（*Polygonatum odoratum*）是中药玉竹的原植物，多花黄精（*Polygonatum cyrtonema*）是中药黄精的原植物，长梗黄精（*Polygonatum filipes*）是当地用作黄精入药的植物，这3种植物是浙江省单叶互生的黄精属植物种。

玉竹的根状茎入药称玉竹，性平、味甘、归肺、胃经；具润阴润肺和养胃生津之效；主治燥咳、劳嗽、热病阴液耗伤之咽干口渴、内热消渴、阴虚外感、头昏眩晕和筋脉挛痛等症。黄精性平，味甘；归脾、肺、肾经；具养阴润肺、补脾益气和滋肾填精之效；主治阴虚劳咳、肺燥咳嗽、脾虚乏力、食少口干、消渴、肾亏腰膝酸软、阳痿遗精、耳鸣目暗、须发早白、体虚羸瘦和妆癞癣疾等症。玉竹和黄精的功效确实有所区别，3种黄精属植物中，只有多花黄精才是药典里规定的中药黄精的原植物，区分好有助于药农的种植（图2-66）。

（3）3种黄精属植物的特征（根据中国植物志记载）

① 多花黄精（*Polygonatum cyrtonema*）主要识别特征

如图2-67至图2-72所示，多花黄精叶互生，椭圆形、卵状披针形至矩圆状披针形，少有稍作镰状弯曲，先端尖至渐尖。花序具花2~7朵，伞形；苞片微小，位于花梗中部以下，或不存在；花被黄绿色；花丝具乳头状突起至具短绵毛，顶端稍膨大乃至具囊状突起。浆果黑色，具3~9粒种子。花期4~5月，果期8~10月。

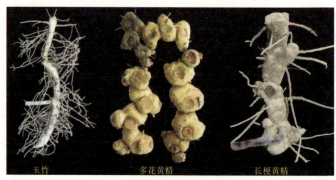

图2-66　玉竹、多花黄精、长梗黄精的根状茎鉴别

图2-67　多花黄精的叶互生,卵状披针形

图2-68　刚出土的多花黄精芽,
　　　　芽鞘上密布紫斑

图2-69　多花黄精的叶背脉上无毛　　图2-70　多花黄精正面特征,总花梗很难看见

图2-71　多花黄精总花梗粗短,有2朵小花

图2-72　多花黄精块茎姜形
　　　　明显

② 长梗黄精（*Polygonatum filipes*）

如图 2-73 至图 2-76 所示，长梗黄精叶互生，矩圆状披针形至椭圆形，先端尖至渐尖，长 6~12cm，下面脉上有短毛。花序具花 2~7朵，总花梗细丝状；花被淡黄绿色；花丝具短绵毛；浆果黑色，具 2~5 粒种子。花期 4~5 月，果期 8~10 月。

图 2-73　长梗黄精叶背的叶脉上有短茸毛

图 2-74　长梗黄精正面可明显看见总花梗

图2-75　长梗黄精苞片,花被筒基部收缩成柄状

图2-76　长梗黄精新根茎,连珠状或有时节间稍长

③ 玉竹（*Polygonatum odoratum*）

如图2-77所示，玉竹根状茎圆柱形。叶互生，椭圆形至卵状矩圆形，长5~12cm，宽3~16cm，先端尖，下面带灰白色，下面脉上平滑至呈乳头状粗糙。花序具花1~4朵（在栽培情况下，可多至8朵），无苞片或有条状披针形苞片；花被黄绿色至白色；花丝丝状，近平滑至具乳头状突起。浆果蓝黑色，具7~9粒种子。花期4~5月，果期7~9月。

图2-77　玉竹花被筒基部不收缩成柄状

**3.5种黄精属植物鉴别方法汇总**

5种黄精属植物鉴别方法详见表2-2。

表2-2　5种黄精属植物鉴别方法汇总

| 种类 | 总花梗 | 花梗 | 花序 | 根状茎 | 叶缘形状 |
| --- | --- | --- | --- | --- | --- |
| 小玉竹 | 无总花梗 | 0.8~1.3cm | 仅具花1朵 | 细圆柱形 | 平直 |
| 热河黄精 | 3~5cm | 0.5~1.5cm | (3~)5~12(~17)朵 | 圆柱形，有结节 | 皱缩 |
| 玉竹 | 1.0~1.5cm | 0.5~1.0cm | 1~4花 | 圆柱形 | 平直 |
| 多花黄精 | 1~4(~6)cm | 0.5~1.5(~3)cm | (1~)2~7(~14)cm | 连珠状或结节成块 | 平直 |
| 长梗黄精 | 3~8cm | 0.5~1.5cm | 2~7朵 | 连珠状 | 平直 |

## （二）黄精叶钩吻、多花黄精和少花万寿竹鉴别

如图2-78所示，黄精叶钩吻为百部科（*Stemonaceae*）金刚大属（*Croomia*）多年生草本植物，俗名就叫金刚大，入药名也叫金刚大；多花黄精（*Polygonatum cyrtonema*）和少花万寿竹（*Disporum uniflorum*）是百合科植物，但中国植物志（英文版）里两者分别在天门冬科（*Asparagaceae*）黄精属（*Polygonatum cyrtonema*）和秋水仙科（*Colchicaceae*）万寿竹属（*Disporum*）。

1.叶侧脉斜出，细脉横向平行致密；叶常3~5枚，叶柄长5~15毫米，且为紫红色；根状茎横走，直径4~8厘米，多结节；花被片4，边缘反卷；花单生或2~4朵排成总状花序，腋生；蒴果，宽卵形……………………………………………………………黄精叶钩吻

1.叶侧脉无上述特征；叶常远超过5枚，几无柄或具短柄；根状茎肉质；花被片6；花组成伞形花序；浆果，近圆球形或椭圆形……………………………………………………2

2.叶背脉上和边缘有极细小的乳头状突起；植株叉状分枝，稀不分枝；根状茎横出；花序生于分枝或枝的顶端……………………………………………………少花万寿竹

2. 叶背脉上和边缘无乳头状突起；植株不分枝；根状茎肉质，通常连珠状或结节成块，直径1~2厘米；花序生于叶腋……………………………………………………多花黄精

图2-78　黄精叶钩吻、多花黄精、少花万寿竹的分种检索表

三者相似的地方在于叶形经常是卵形，叶脉都是弧形脉，叶先端都不钝，都是各种尖，叶互生，不分枝（有时看到少花万寿竹是分枝的），茎基部都有膜质的鞘，所以营养器官看起来是很像的，需要掌握一些技术才能快速鉴定。

**1.黄精叶钩吻识别方法**

黄精叶钩吻识别方法详见图2-79至图2-84。

图2-79 黄精叶钩吻茎不
分枝,有叶3~5
枚,叶片卵形或
卵状长圆形,侧
脉有斜出,细脉
横向平行致密

图2-80 黄精叶钩吻花单生或2~4
朵成总状花序,花被片边
缘反卷

图2-81 黄精叶钩吻花被片黄绿
色,花被片4,呈十字形

图2-82 黄精叶钩吻茎有纵槽,叶柄紫红色

图2-83 黄精叶钩吻主要形态特征

图2-84 黄精叶钩吻识别要点

## 2. 多花黄精识别方法

多花黄精的识别方法详见图2-85至图2-91。

图2-85　多花黄精植株主要特征

图2-86　多花黄精叶互生、近无柄或具短柄,叶片椭圆形、卵状披针形至矩圆状披针形

图2-87　多花黄精叶侧脉直出平行

图2-88　多花黄精叶片边缘无乳头状突起

图2-89　多花黄精花着生于叶腋，2~7朵排成伞形，花被片6，黄绿色

图2-90 多花黄精根状茎肉质,通常连珠状或结节成块

图2-91 多花黄精浆果成熟后黑色

### 3. 少花万寿竹（***Disporum uniflorum***）识别

少花万寿竹又名宝铎草，茎直立，上部具叉状分枝，稀不分枝，下部各节有膜质的鞘，详见图2-92至图2-97。

图2-92 少花万寿竹叶3~5枚，互生，近无柄或具短柄，叶片矩圆形、卵形、椭圆形至披针形，侧脉非常特别，斜出，细脉横向平行致密

图2-93 少花万寿竹叶背脉上和叶脉上有极细小的乳头状突

图2-94 少花万寿竹根状茎肉质横出

图2-95　少花万寿竹茎常分枝,花1~
　　　　3朵排成伞形花序,生于分枝
　　　　顶端

图2-96　少花万寿竹花被片6,黄色、黄
　　　　色或白色

图2-97　少花万寿竹浆果成熟时呈黑色

多花黄精的花是2~7朵排成伞形花序，着生于叶腋，少花万寿竹的花是1~5朵组成伞形花序，着生于分枝和茎的顶端，而黄精叶钩吻的花单朵或2~4朵排成总状花序，着生于叶腋；果实的话，多花黄精和少花万寿竹都是浆果，近圆球形，而黄精叶钩吻的果实是蒴果，宽卵形，2瓣裂。因此，根据以上的特征，我们可以快速鉴定出三种植物（图2-98）。

图2-98　黄精叶钩吻、多花黄精、少花万寿竹快速鉴别方法

# 第三章 我国黄精分布与主要栽培品种鉴别

## 一、我国黄精的地理分布

黄精是我国传统的中药材，别称老虎姜、鸡头参、黄鸡菜等，在生物学分类上属于植物界、被子植物门、单子叶植物纲、百合目、百合科、黄精属多年生草本植物，原产于中国、朝鲜半岛、蒙古国及俄罗斯远东地区。黄精在我国地理分布十分广泛，从东北至东南和西北广阔地域，海拔100~4300m的山上适宜其生长的环境都可以发现黄精的野生资源。

### （一）黄精（鸡头黄精）

鸡头黄精主要产自我国黑龙江、吉林、辽宁、河北、山西、陕西、内蒙古、宁夏、甘肃（东部）、河南、山东、安徽（东部）、浙江（西北部）、云南（东北部）等地。另外，在朝鲜、蒙古国和俄罗斯西伯利亚东部地区均有分布。

鸡头黄精野生资源一般分布于海拔800~2800m的林下、灌丛或山坡阴处。

主要鉴别特征有：茎直立，具棱。叶轮生，每轮4~6片，全缘，无柄；叶片条状披针形。花着生于叶腋间，每个花序有2~4朵花，总花梗俯垂，花被黄白色（图3-1）。浆果近球形，成熟时黑色。鸡头黄精结节长约2~4cm，常有分支，形似鸡头。表面黄白色或灰黄色，半透明，有纵皱纹，茎痕圆形，直径0.5~0.8cm（图3-2）。

图3-1　鸡头黄精叶轮生，花被黄白色

图3-2　鸡头黄精由多个类圆锥形的结节相连

鸡头黄精结节长约2~4cm，常有分支，形似鸡头。表面黄白色或灰黄色，半透明，有纵皱纹，茎痕圆形，直径为0.5~0.8cm（图3-2）。

鸡头黄精适宜生长的年有效积温为2200~3600℃，无霜期为67~86d，年均最适温度为5~25℃，相对湿度最短范围在72.4%~80.2%，年均日照时数最短范围为2195.6~2610.1h。

鸡头黄精喜阴、耐寒、怕干旱，分布区域地形十分复杂，小面积分布于林下、灌丛、阴坡或沟谷溪边，且在湿润荫蔽且上层透光性足的环境下生长良好，在土壤黏重、土质稀薄、气候干旱、低洼积水和石子多的环境不适宜生长。土壤以黄壤、紫色土、高原红壤等为主，其中湿度和温度是黄精生长分布的最主要限制因子。此外，黄精生长还受到小气候的影响，建议先引种试种，再扩大规模，以免造成损失。

## （二）滇黄精

滇黄精，主要分布于我国云南、贵州、四川等地，云南为主要栽培地。越南、缅甸也有分布。滇黄精主产区有贵州罗甸、兴义、贞丰、关岭；云南曲靖、大姚，广西靖西、德保、隆林、乐业等地。

主要鉴别特征有：叶轮生，每轮3~10枚，条状披针形。花序有6~10朵花，花梗下垂，花被粉红色（图3-3）。浆果红色。花期3~5月，果期9~10月。滇黄精结节长可达10cm以上，宽3~6cm，厚2~3cm（图3-4）。表面淡黄色至黄棕色，具环节，有皱纹及须根痕，结节上侧茎痕呈圆盘状，圆周凹入，中部突出。质硬而韧，不易折断，断面角质，淡黄色至黄棕色。气微，味甜，嚼之有黏性。

野生滇黄精生长于海拔1600~2500m的山谷、溪涧边及阔叶树下阴湿地。最适海拔为2000~2100m。要求透水性好的中性腐殖或肥沃沙壤土，酸性、碱性或黏性土黏重、易积水和板结土壤不宜种植。滇黄精喜凉爽、阴湿、水分适度的环境，既怕干旱又怕积水。植株耐寒，低温下无冻害，不喜高温。适宜区植株四季常青。种子萌发、根茎生长发育和顶芽萌发的适温为18~20℃，出苗适温为19℃，地上部生长适温为16~20℃，根茎生长适温为15~18℃。属喜阴植物，喜弱光或散光，忌强光直射。要求荫蔽环境，强光照下植株矮小、生长缓慢。

图3-3　滇黄精叶轮生，开红花

图3-4　滇黄精的根茎肥厚肉质，结节块状相连

### （三）多花黄精

　　多花黄精也称姜形黄精，中国特有，主要分布于长江流域，其生态适应性强，生长地域广，自然分布于我国四川、贵州、湖南、湖北、河南、江西、安徽、江苏、浙江、福建、广东、广西等省份。

　　主要鉴别特征：多花黄精叶互生、花被黄绿色，浆果成熟呈黑色（图3-5）。多花黄精根茎有二种形态：一种是姜形（图3-6），另一种呈长条结节块状，长短不等，常数个块状结节相连（图3-7），根茎表面灰黄或黄褐色，粗糙，结节上侧有突起的圆盘状茎痕，直径0.8~1.5cm）。

图3-5　多花黄精叶互生、花被黄绿色,浆果成熟呈黑色

图3-6　多花黄精根茎的两种形态之一：姜形　　图3-7　多花黄精根茎的两种形态之一：长条结节块状

## 二、我国多花黄精生态适宜性分布区

多花黄精喜欢阴湿气候条件，具有喜阴、耐寒、怕干旱的特性，野生多花黄精主要分布在海拔500~1200m、年降雨量为1000~2200mm、年均气温为15~25℃、无霜期在300天以上的低山丘陵带。

多花黄精栽培的范围比野生分布要大，在最佳的适生区进行栽培多花黄精药材是增加产量保护资源多样性的有效性途径。

多花黄精在2015年之前主要以野生资源应市，极少部分货源来源于人工种植与进口。受到2014年以来的价格上涨刺激，从2015年以后，人工种植产能逐步扩大，补充野生资源缺口。目前，我国多花黄精主要产区有四川、贵州、湖南、湖北、河南、江西、安徽、浙江等地，随着多花黄精的药用功效日益受到人们重视，市场需求越来越大，山区林下多花黄精种植受到了广大林农的欢迎和追捧。

### 三、黄精主要品种鉴别[①]

根据《中国药典》（2015年版）收录的黄精植株对应的块茎形态确实像鸡头，所以称之为"鸡头黄精"

#### （一）药典收录的黄精品种分类

**1. 小白鸡头**

小白鸡头块茎呈结节状弯柱形，长3~10cm，直径0.5~1.5cm，常有分枝（图3-8），主产秦岭以北：陕西，甘肃及辽宁，河北，河南，山东和北京等地。

图3-8　小白鸡头根状茎特征

**2. 大白鸡头**

大白鸡头叶片比小白鸡头要宽大，植株高达两米及以上，块茎形态相同，个头却是前者的两到三倍，块茎连接比较紧凑（图3-9）。在人工种植和野生条件比较好的情况下，块茎个头可以达到拳头大小，主产南北交界偏南和西南部分地区。

――――――――――

[①]本章节内容及图片参考"畦霖农业"公众号，特此说明。

图3-9　大白鸡头植物与根状茎特征

### （二）市场上的"鸡头黄精"

从黄精古书记载和中国药典史来看，黄精块茎描述是以块大，色黄，味甜，断面半透明及成冰糖碴，质润泽为最佳品（图3-10）。

市场上的鸡头黄精，一头大一头小，呈八字形，酷似鸡头，其鸡头黄精的称呼就因此形态而得名。市场上的鸡头黄精就不只是药典收录的"黄精"及"鸡头黄精"品种，它是由多个品种和重叠称呼的一些品种共同构成的（图3-11至图3-17）。

图3-10　黄精根状茎断面呈半透明及成冰糖碴,质润泽

图3-11　不倒苗姜型黄精

图3-12 轮叶生绿花黄精

图3-13 轮叶生黄花黄精

图3-14 轮叶生紫红花黄精

图3-15　高杆不倒苗黄精

图3-16　轮叶生黄精

图3-17　滇黄精

　　成年轮叶生黄精块茎个头比较大，拳头大小不在话下，它们还有一个共同特性就是一个块茎及一根植株下的膨胀块茎有两个芽头，膨大块茎走向都是呈八字形。野生条件下这些双芽头通常只会生长出一根植株，地下块茎就形成了一头大一头小酷似鸡头。市场上流通称呼的"鸡头黄精"品种很多，有部分品种称呼存在多名重叠，于是就有了"黄鸡头"和"白鸡头"之分。除了上面介绍的"白鸡头"品种，市场上还包括了如图3-18所示的"鸡头黄精"品种。

　　以上黄精品种块茎颜色均为白色或黄白色，根据药用黄精检测标准，含量都优于和高于药典标准。

　　在市场上块茎称呼也是多名重叠，在云南块茎大的叫"大黄精"块茎小点的酷似鸡头也叫云南"鸡头黄精"，也有统称"滇黄精"的。我们再来认识一下市场上的"黄鸡头"都是那些品种？

　　市场上称呼就是这么乱，因为目前市场上供应的叶轮生黄精属植物主要以野生为主，块茎大小不一，剪掉植株去根须很难分辨品种，如果在加工干品就更难分辨了，只能根据块茎形态来称呼。块茎大的挑出来叫"大黄精"，色黄的叫"黄鸡头"，色白的叫"白鸡头"。在云南又统称"滇黄精"，酷似鸡头的又叫云南"鸡头黄精"。下面我们来看一下这些品种的块茎形态，你就明白为什么存在市场称呼乱象了。

　　图3-19所示的块茎形态是不是都很像鸡头啊？其实在笔者调查市场称呼乱象的时候也是晕头转向，但这些品种在野生条件和半成年植株状态下块茎形态确实酷似鸡头。希望广大黄精种植者在品种选择上要仔细分辨。

（a）云南"鸡头黄精"

（b）云南"大黄精"

（c）"黄鸡头"

（d）"白鸡头"

图3-18　轮叶黄精以野生为主，市场上根据块茎形态来命名，造成称呼混乱

图3-19 市场上称为"鸡头"的黄精,不完全是鸡头黄精

# 第四章 黄精的生物学特性

## 一、黄精的形态特征

### (一)滇黄精

**1. 滇黄精的花序与花**

滇黄精花期为 3~5月，花序具花（1~）2~4（~6）朵（图 4-1），总花梗下垂，花梗苞片膜质，微小，通常位于花梗下部；花被粉红色，裂片长 3~5mm；花丝长 3~5mm，丝状或两侧扁，花药长 4~6mm，子房长 4~6mm。

图4-1 滇黄精花序

**2. 滇黄精果实**

滇黄精果期为9~10月，成熟浆果为红色（图4-2），直径为1~1.5cm，具7~12粒种子。

图4-2 滇黄精果实

### 3. 滇黄精的根状茎

滇黄精的根状茎近圆柱形或近连珠状，结节有时呈不规则菱状（图4-3），肥厚，直径为1~3cm。

图4-3 滇黄精根状茎

### 4. 滇黄精的种子

滇黄精种子颗粒较大（图4-4），每千克有2000粒左右（带果皮和种皮的鲜重），其种子具有休眠特性，需要在土壤中度过6~7个月才能萌发，因此，采收后的滇黄精种子，即使马上播种，一般也需要半年时间才会出苗（图4-5）。

图4-4　滇黄精果实

图4-5　滇黄精种子

### 5. 滇黄精的实生苗

黄精种子播种后，出苗时只有1片叶子，经过1年的单叶期后，进入轮叶期（图4-6），随着地上茎增高、加粗，叶片数和轮数增多，根状茎也随年份的增长而显著增粗（图4-7）。

图4-6　滇黄精实生苗

图4-7　滇黄精育苗大棚

### 6. 滇黄精块茎苗

滇黄精小块茎或根状茎的1~2年新生部分嫩茎头可催芽育苗（图4-8），经过几个月的培育可以用作生产种茎。

图4-8　滇黄精块茎苗

## （二）多花黄精

### 1.多花黄精的花序与花

多花黄精花序具花（1~）2~7（~14）朵，伞形，总花梗长1~4（~6）cm（图4-9和图4-10）；苞片微小，位于花梗中部以下，或不存在；花被黄绿色，全长18~25mm，裂片长约3mm；花丝长3~4mm，两侧扁或稍扁，具乳头状突起至具短绵毛，顶端稍膨大乃至具囊状突起，花药长3.5~4mm；子房长3~6mm，花柱长12~15mm；花期3~4月。

图4-9　多花黄精花序

图4-10　长梗黄精花序

**2. 多花黄精的果实**

多花黄精果实为浆果，果期5~11月。成熟时果实为黑色（图4-11），直径约1cm，具3~9粒种子。多花黄精种子是由绿色向暗紫色转变，浆果的颜色越深，种子成熟度越高。

图4-11　多花黄精果实

### 3. 多花黄精种子

多花黄精每个果实含有3~9粒种子，若植株处于健康的生长状态，每株可以收获65粒左右的种子（图4-12）。

图4-12　多花黄精种子

### 4. 多花黄精的根状茎

多花黄精根状茎肥厚，通常呈珠状或结节成块（图4-13），少有近圆柱形（图4-14），直径1~2cm。浙江培育的丽精1号多花黄精地下茎结节柱状连成块，表面灰黄色或黄褐色，粗糙，结节上侧有突出的圆盘状茎痕，茎痕直径0.7~2.1cm，茎痕距3.5~6.4cm，节间明显。

图4-13　多花黄精根状茎

图4-14　多花黄精"丽精1号"品种根状茎

**5. 多花黄精实生苗**

多花黄精种子播种后培育的种苗称为实生苗（图4-15），一般3年以上苗龄的实生苗适合移栽，幼苗至少培育2年方可出圃定植。

图4-15　多花黄精营养钵实生苗

### 6. 多花黄精的块茎苗

多花黄精的根茎为多年生组织，每个根茎中都包含很多节，前端节带有顶芽，将顶芽和周围的2~3个节切下来进行催芽，可以生成新的植株（图4-16和图4-17）。

图4-16 多花黄精块茎苗

图4-17 多花黄精籽播苗块茎

### (三) 鸡头黄精

#### 1. 鸡头黄精的植株

鸡头黄精茎高 50~90cm，有的可达 1m 以上，有时呈攀缘状（图 4-18）。叶轮生，每轮 4~6 枚，条状披针形，长 8~15cm，宽（4~)6~16mm，先端拳卷或弯曲成钩。

图4-18　鸡头黄精的植株

### 2. 鸡头黄精的花

花腋生，下垂，2~4朵成伞形花丛，总花梗长 1~2cm（图4-19），花梗长 1~2cm，基部有膜质小苞片，钻形或条状披针形，禾草 3~5mm，具 1 脉；花被筒状，白色至淡黄色，全长 9~13mm，花被筒中部稍缢缩，裂片 6，长约 4mm；雄蕊着生在花被筒的 1/2 以上处，花丝短，0.5~1mm，花药长 2~3mm；子房长约 3mm，花柱长 5~7mm。花期是 4 月到 8 月，属于自花授粉植物。

图4-19　鸡头黄精的花序

### 3. 鸡头黄精的根状茎

鸡头黄精的根状茎圆柱状，由于结节膨大，因此"节间"一头粗、一头细，在粗的一头有短分枝（形似鸡头，故名鸡头黄精），直径1~2cm。

黄精根状茎年生长区：年生长区是指一年内黄精地下根状茎生长的全部节段。黄精年生长区一般有12~17节，长约6~9cm，包括转换段与伸展段两部分（图4-20）。

鸡头黄精根状茎能存活多年（图4-21），随着地上部分的生长，根状茎有快速与缓慢膨大期。一年中4月下旬至6月下旬为根状茎的转换段生长最旺盛阶段，5月下旬至6月下旬为根状茎的伸展段生长最旺盛阶段。

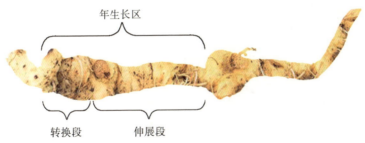

图4-20 鸡头黄精根状茎结构（刘校，2019）

图4-21 鸡头黄精的根状茎

### 4.鸡头黄精的果实

鸡头黄精果实为浆果，球形（图4-22），直径7~10mm，成熟时黑色，每个果实具4~7粒种子。

图4-22　鸡头黄精的果实

**5. 鸡头黄精种子**

鸡头黄精种子呈球形、扁球形或椭圆球形（图4-23）；表面呈黄棕色、深黄棕色或黑色，质硬，表面光滑或具有不规则纹理，有明显的圆点状种脐，长2.60~4.85mm，宽2.36~4.30mm，厚2.13~3.92mm（图4-23）；种子的千粒重平均值为30g左右。

图4-23　鸡头黄精成熟果实与
　　　　种子

### 6. 鸡头黄精实生苗

黄精种子春季育苗后第一年形成初生小球茎，幼苗不出土。育苗第二年4～6月，第一年形成的小球茎经分化后形成的胚芽生长出土，同时地下部分开始再分化形成次生根茎，7月下旬地上部分开始枯萎，9月份全部枯萎（图4-24）。第三年开始，以胚芽为生长主轴的生长点开始抽茎，长出幼苗，9月地上部分枯萎后留下茎痕。根茎形态如图4-25所示。

田间调查发现：育苗第二年长出一叶幼苗，幼苗出土后紧贴地面，不再长高；育苗第三年长出三叶或四叶幼苗，出土后长到离地1cm左右不再长高；育苗第三年幼苗生长迅速、积累物质能力加强，根茎快速伸长。育苗前三年根茎形态如图4-26所示。

图4-24 鸡头黄精的两年生种苗

图4-25 鸡头黄精籽播苗地下茎不同年份的生长形态变化

图4-26 鸡头黄精的三年生种苗

### 7. 鸡头黄精的种茎

鸡头黄精的人工种植一般用种茎繁殖（图4-27），于晚秋（11月中下旬）或早春（3月上中旬）种植，3月底到5月中旬出苗，出苗时间持续两个月，4~6月为现蕾开花期，6~11月为果期，9月中下旬植株地上部分开始枯萎死亡，地下根茎也开始萌发形成越冬芽，12月到第二年3月根茎处于休眠状态，3月上旬开始，幼苗出土。

图4-27　用于繁殖的鸡头黄精种茎

## （四）四川不倒苗黄精

### 1. 不倒苗黄精的植株

四川不倒苗黄精在《中国植物志》（1978年中文版）、《中国植物志》（2000年英文修订版）及《四川植物志》（1981年版）中均被记载为百合科黄精属多年生草本植物滇黄精变种，被称为大叶黄精（*Polygonatum kingianum* var. *grandifolium*），其中《四川植物志》明确记载大叶黄精根茎为中药黄精的主要来源之一（图4-28）。大叶黄精1年发芽2次以上，春天与其他黄精一样，发芽、形成新杆，茎可达1m以上，到9~11月老茎杆枯死，但其春天萌发茎杆枯死前根茎至少(多数在8~10月)能再次萌发新芽，并在翌年新芽萌发后才会枯死，周而复始，始终保持常绿状态。大叶黄精喜阴，生于海拔600~1200m，多

图4-28　不倒苗黄精的植株形态特征

生长在阴冷潮湿的山坡、地边草丛、灌丛间及林下，在贵州、四川、湖北等地区多有分布。大叶黄精天然群体多倍体和异倍体，植株高大，地下根茎粗壮，对光适应性更强，林下、露地栽培均能正常生长。

**2. 不倒苗黄精的花**

大叶黄精1年发芽2次以上，每次发芽后均能正常开花，但仅春季开花能正常结果。花序近伞形，苞片通常生于花梗基部，花被狭钟状，黄绿色（图4-29），长（13~15）~20mm。

图4-29　不倒苗黄精的花序

### 3. 不倒苗黄精的果实

不倒苗黄精果实为浆果（图4-30），球形或椭圆形，鼓突状，果期5~11月（图4-31和图4-32），11月果熟。成熟时果实为绿黄色，种子获取需经过果实发酵，发酵后呈橙色，直径约2~3cm。

图4-30 不倒苗黄精的成熟果实

图4-31 不倒苗黄精的未成熟果实

图4-32 不倒苗黄精的幼果

### 4. 不倒苗黄精的根状茎

根状茎肥厚，通常呈连珠状或结节成块，直径为2~4cm，表面黄白色或白色，有横纹，粗糙，结节上侧有凹陷的圆盘状茎痕，节间明显（图4-33）。

图4-33　不倒苗黄精的根状茎

### 5. 不倒苗黄精的种子

大叶黄精种子呈黄白色，若植株处于健康的生长状态，每个果实含15粒以上种子数（图4-34）。

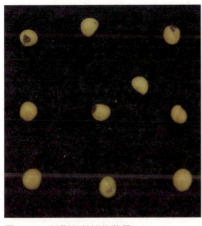
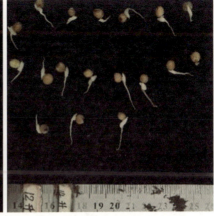

图4-34　不倒苗黄精的种子

**6. 不倒苗黄精的实生苗**

如图4-35至图4-37所示，不倒苗黄精的种子经过沙藏处理，于春季播种，第一年下半年即可形成初生小球茎，随后幼苗出土，在条件合适情况下，第二年上半年发第二次芽。

图4-35 不倒苗黄精的籽播单叶期特征

图4-36 不倒苗黄精的籽播一年生苗

图4-37 不倒苗黄精的籽播二年生苗（出圃）

### 7. 不倒苗黄精的块茎苗

根茎为多年生组织，每个根茎中都包含很多节，前端每个节一般带有2个顶芽，将顶芽和周围的2~3个节切下来进行催芽，可以生成新的植株（图4-38）。

图4-38 不倒苗黄精的块茎苗

### 8.不倒苗黄精的叶形变化

本变种与原种滇黄精的区别在于本变种的叶宽大，叶轮生，多呈箭形，长15~25cm，宽（1.5~）2.4~4.3cm，叶片尾梢出现卷缩。大叶黄精发育过程的叶序和叶形变化特别大，最初的幼苗仅具有1枚椭圆形的叶片（长4~8cm，宽2~3cm）。后来形成互生披针形、对生披针形，长成的植株其叶可全部为互生或兼有对生，绝大多数为多叶轮生（图4-39）。

图4-39　不倒苗黄精的叶型变化

## 二、黄精属药用植物的多糖特征

### （一）药典基原黄精属药用植物的多糖特征

多花黄精、滇黄精、鸡头黄精分别属于互叶组、轮叶组和黄精组，多花黄精和玉竹都划归到了互叶组。然而，赵平（2023）认为三种植物来源的黄精多糖特征相似，但是它们与玉竹多糖不完全相同。玉竹多糖主要由分子量（2.8~5.4）×$10^3$Da 的果聚糖组成；而三种来源的黄精多糖不仅有果聚糖，而且还含有分子量约 $5.7×10^5$~$4.4×10^6$Da 的果胶等高分子量的多糖。结合活性和功效，推测果聚糖可能是黄精和玉竹发挥养阴作用的物质基础，黄精补中益气作用强的原因可能与其含有果胶等高分子量的多糖相关，玉竹清热作用强的原因可能与其含有大量高异黄酮和甾体皂苷类成分相关。赵平（2023）阐释了黄精和玉竹在药效物质基础上的差异，并且为鸡头黄精、多花黄精和滇黄精同作为黄精使用提供了科学依据。

### （二）非药典基原黄精属药用植物的多糖特征

多糖作为初级代谢产物在植物中的分布有一定规律性，也可以作为植物分类的佐证。同属植物中的多糖往往很相近，但又不完全一样，如石斛属多糖、虫草属多糖。

一般认为根状茎呈圆柱状的黄精属植物可作玉竹用，根状茎呈结节膨大状的黄精属植物可作黄精用。玉竹的根状茎呈细长的圆柱状，热河黄精的根状茎也呈圆柱状，类似玉竹；但较粗短，常有短分枝，又与鸡头黄精有相似之处。热河黄精在华北地区作为玉竹使用，而在辽宁等地区则作黄精药用。研究结果显示，热河黄精多糖中果聚糖占90%以上，与玉竹多糖在多糖类型、分子量、单糖组成等方面均相似；小分子成分的分析结果也显示，热河黄精与玉竹的成分最为接近。另外，从植物地上形态看，热河黄精与玉竹接近；从分子系统学的研究结果看，热河黄精与玉竹的遗传距离最近。因此，热河黄精适合作玉竹入药，而不适合作黄精入药，为"根状茎呈圆柱状的黄精属植物可作玉竹用"这一传统认识提供了理论依据。

民间当作黄精药用的植物还有长梗黄精、互卷黄精、甜味的轮叶黄精和卷叶黄精、不倒苗黄精等。研究结果显示黄精潜在的替代植物资源有长梗黄精、甜味的轮叶黄精、不倒苗黄精。长梗黄精在我国的南部地区常被混入多花黄精中使用，它与多花黄精的形态接近，地理分布区重叠，有不少交叉性状。长梗黄精与药典三种基原的黄精在分子量、单糖组成等方面的特征均相似，可作为黄精药用，但分子系统学研究结果却显示长梗黄精与玉竹的遗传距离接近。

互卷黄精在西北地区作黄精用，在四川绵阳地区作玉竹用。互卷黄精在分类学上，是很有争议的一个种。在形态上，互卷黄精是黄精属中较为特殊的一个种，叶序虽然为互叶生，但叶先端卷曲，花较小，又类似轮叶生类群。并且，互卷黄精的花序呈总状花序，而其他黄精属植物一般为伞形花序。据观察，互卷黄精的花接近于异黄精属的花，它的花被呈覆瓦状，具有两型雄蕊（外花被对应的花丝短，内花被对应的花丝长）。但它不具有异黄精属植物附生，以及同时具有顶生花序和腋生花序的特点。此外从染色体基数上看，互卷黄精更接近于异黄精属；但是，分子系统学支持将它划归于黄精属。研究结果表明，互卷黄精的多糖中果聚糖所占比例较少，在分子量特征上与药典三种基原的黄精有所差别，因此，互卷黄精不适合作玉竹药用，其是否能作为黄精药用有待进一步研究。

轮叶黄精和卷叶黄精都是变异幅度很大的种，有甜苦之分，甜者在民间也作黄精入药。甜味的轮叶黄精在多糖分子量、单糖组成等特征上与药典三种基原的黄精相似，可作黄精入药。甜味的卷叶黄精分子量特征与药典三种基原的黄精有所不同，单糖组成上相近，卷叶黄精是否能作为黄精药用有待进一步研究。

不倒苗黄精在西南地区作为多花黄精的一个变异品种而使用。不倒苗黄精在秋季出苗，可以越冬，一次可以出多个苗，生长周期与其他黄精属植物相反，是黄精属中的一个新种。野生的不倒苗黄精与药典三种基原的黄精在多糖分子量、单糖组成等特征相似，种植的不倒苗黄精中果糖的含量较少，而半乳糖和阿拉伯糖（或木糖）的比例较高。

细根茎黄精和苦味的轮叶黄精一般不作为黄精或玉竹使用。研究结果表明，细根茎黄精中果聚糖的比例较小，分子量特征与药典三种基原的黄精不同，支持其不作为黄精使用。苦味的轮叶黄精含果聚糖较少，整体分子量特征与药典三种基原的黄精不同。

苦味的轮叶黄精比其他黄精属植物多了很多小分子成分，其中，原薯蓣皂苷以及其他呋甾烷型甾体皂苷可能是其苦味来源。苦味的轮叶黄精可能具有平肝熄风、清热凉血、解毒消痈的功效。文献报道，轮叶黄精的变异幅度很大，可能包含了多个亚种。轮叶黄精的功效也有很多，包括平肝熄风，养阴明目，清热凉血，解毒消痈，生津止渴，滋补肝肾等。研究发现苦味的轮叶黄精开的花为紫色，而甜味的轮叶黄精开的花为白色。所以，建议轮叶黄精应按花色分为两个亚种，分别具有两种不同的功效。苦味的轮叶黄精具有平肝熄风，养阴明目，清热凉血，解毒消痈的作用；甜味的轮叶黄精具有生津止渴，滋补肝肾的功效（图4-40）。

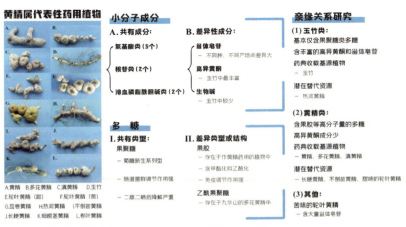

图4-40　黄精属植物成分分析与潜在替代资源(赵平，2023)

## 三、浙产多花黄精的生育时期

多花黄精一年的生长期可分出苗期、伸长期、展叶期、开花期、果实期、枯萎期、秋发期、越冬期8个时期（图4-41），一般为201~240d，其中出苗期为24~38d，伸长期为38~45d（从出土到展叶10~15d），开花期36~47d，果实期为116~134d（结果期20~40d），枯萎期为75~108d。多花黄精不同种源整个生长期天数各有差异，最短的与最长的相差39d，生长期平均天数为218.8d。其中3月中旬到4月下旬为营养生长期，4月下旬至6月初为营养生长与生殖生长并进期，6月初到10月下旬果实完全成熟为生殖生长期，10月下旬至翌年收获根茎为过渡期。

多花黄精3月中旬到4月初开始出苗（旬均温超过10℃），出苗前已完成发芽分化、展叶前形成花序，营养物质均来自根茎；3月底到4月旬开始现蕾，4月中下旬陆续进入盛花期，4月底到5月中旬进入末花期，花期35~45d。

多花黄精年根茎生长量呈"慢-快-慢"的增长规律，年生长期200~210d，大致可以分为生长初期（下种至3月下旬）、生长快速期（4月上旬~8月上旬）、生长后期（8月中旬-地上枝叶倒伏）。不同龄

图4-41　浙产多花黄精生育时期（刘跃钧等，2021）

级的多花黄精生长存在差异。根茎鲜重从大到小依次排序为：3龄级
>2龄级>4龄级>1龄级，呈抛物线分布。3龄级生长量达到高峰，体
积形成与鲜重增加表现出同样的规律。多花黄精每年生长1节，但每
年生长量存在差异，至第三年块茎生长量达到最大，以后逐渐下降。
一般认为虽然块茎不再生长，但体内的水分、多糖或其他有效活性成
分还可以持续一段转化时间，因此，多花黄精经营周期以4年为宜，
在同一林地不宜进行多花黄精连作。

## 四、浙产多花黄精的生命周期

多花黄精为多年生草本，生命周期较长，一般都能存活8年以
上，如果条件较好，可以存活30年以上，多花黄精整个生命周期从种
子萌发开始，可以划分为种子萌发期、营养生长期、生殖生长期、凋
亡期。

### （一）种子萌发期

多花黄精浆果球形，成熟时黑色，直径为1.0~1.5cm，具3~12粒
种子；种子呈圆球形，种子坚硬，种脐明显，呈深褐色，成熟种子千
粒重20~50g，其种子具有休眠特性，需要在土壤中度过6~7个月才能
萌发，生产上将种子放在3~5℃的低温沙藏条件下60天左右可破除休
眠，使用500~1000mg/mL的赤霉素处理结合沙藏可明显缩短多花黄精
种子休眠时间，在常温下干燥贮藏发芽率达62%，拌湿沙在1~5℃下
贮藏发芽率高达96%。因此，多花黄精种子必须经过破眠处理后，才
能用于播种。25~27℃左右为多花黄精种子发芽的最适温度。一般10
月采收种子后，采用低温沙藏处理150天，春季气温稳定回升后先催
芽再播种于土壤疏松、肥料充足、保水性好的砂壤土或富含腐殖质的
壤土中，覆盖土层不超过2cm，播种后2~3个月，5~6月种子即可长出
1片叶子，然后进入营养生长期。

## （二）营养生长期

多花黄精实生苗营养生长发育需2~3年，之后才进入生殖生长期，开始开花结实。多花黄精的营养生长期又可以划分为单叶期和多叶期。

### 1. 单叶期

多花黄精播种后5~6个月开始出苗，出苗时就1片叶子（图4-42），当叶片出土后，可以依靠根部吸收的水分及营养物质进行光合作用，所产生的碳水化合物又通过叶脉和茎的运输组织进行运输，多花黄精幼苗开始成为自养。这段时期多花黄精若遭受自然灾害和病虫害造成叶片丧失，植株进入冬眠或死亡，因此苗期应加强水肥和病虫害的防控，以防多花黄精小苗受到伤害。

### 2. 多叶期

多花黄精在经过1年的单叶期生长后，进入多叶期，此时的多花黄精地上茎增高、加粗，叶片数增多，根茎也随年龄的增长而显著增粗，一般情况下一年1个芽头长1节（图4-43）。

图4-42　多花黄精单叶期

　　其植株一般2~3月出苗，茎柱状，通常会随种植年限的增加，茎秆数量会相应增加。这个时期是滇黄精生长发育的快速生长期，对水肥的需求较大，因此尤其要注重水肥的管理，不仅每年秋冬季的底肥要足，生长旺盛期适当追肥和追施叶面肥，同时要防止水涝，造成植株死亡。多叶期多花黄精根茎已经形成并有一定积累，对外界逆境也有较强的抵抗能力，可以在夏季带苗移栽或冬季倒苗后再移栽，移栽过程要注意防止种苗损伤。

图4-43　多花黄精多叶长茎期

### （三）生殖生长期

种子播种的多花黄精幼苗生长2~3年后才能进入生殖生长阶段，进入花期和果期，此时多花黄精生长迅速，不仅地上茎增高、加粗，叶片数增多，叶面积增大，花、果出现，根茎段也有显著增粗，根状茎近圆柱形或近连珠状。其植株一般2~3月出苗随后就是花期。地上茎抽出后，花芽已在互生叶着生点形成，包藏于未展开的互生叶中，3~5天后，叶片展开，花部露出，花梗伸长，花期一般为1个月左右（图4-44），花期过后，子房膨大，进入种子生长发育阶段，9~11月种子陆续成熟（图4-45）。多花黄精的叶片数和株高通常随根茎年龄的增加而增加，到开花年龄，叶片数和株高趋于稳定。

图4-44 多花黄精花序

图4-45 多花黄精果实

多花黄精块茎的增长速度与地上部分植株的茂盛程度密切相关，同时与地下根茎大小及根系的发达程度均有关系。地下根茎大、根系发达、土壤肥沃，多花黄精块茎生长迅速，地上部分与土壤肥力和多花黄精的根系、光照等有关系，土壤肥沃、根系发达，植株可高达2m以上，光照过强会抑制植株的生长，同时植株可能会被灼伤，光照不足时则植株叶片徒长，块茎营养积累少，不利于多花黄精产量的提高。另外多花黄精在生长发育过程中，地上部分与地下块茎保持着一定的物质分配关系：即在生育早期，块茎从土壤中吸收水分和营养供给植株地上部分生长，待地上部分长出以后通过光合作用，植株把空气中的$CO_2$和$H_2O$转化为碳水化合物，贮藏于块茎。植株开花结籽的物质能量主要来源于植株的光合作用和块茎的营养供给，保证多花黄精种子成熟。

### （四）凋亡期

冬季由于气温剧降，多花黄精为了防止受到冷害或冻害，于11月底至12月初，地上部分枯萎死亡，进入冬眠，并为第二年的新植株储备能量。

## 五、浙产多花黄精的生态学特征

### （一）多花黄精对光、温、水的需求

多花黄精喜冬暖、荫蔽、夏凉、空气湿润的生长环境。

①光照：65%~70%的透光率比较适合多花黄精生长，强光下植株生长不良且易被阳光灼伤。

②温度：多花黄精为较耐寒植物，适应性强，种子适宜发芽温度20~25℃；干燥贮藏发芽率为62%，湿沙低温贮藏发芽率高达96%；在5℃以上就能出芽生长，一般根生长发育和顶芽鞘萌发的适应温度为

15~20℃，超过27℃生长受到抑制。

③水分：喜湿、野外一般分布于湿度较大的环境。较耐干旱，但不能渍水，长时间积水会引起烂根；雨季要注意清沟排水，宜起深沟排涝，畦面浅开斜沟防渍水。

### （二）多花黄精对土壤、海拔的要求

①土壤：湿润、肥沃、疏松的土壤（壤土），酸碱度以中性或偏酸性为宜。在黏重、土薄、干旱、积水、低洼、石子多的地方不宜种植。研究表明，移栽时施6kg/m²混合肥（火土∶人粪尿∶磷酸一铵＝5.0∶4.0∶1）可大幅度提高产量。

②海拔：多花黄精对生境适应性较强，通常在海拔1000m以下的树林、灌木丛、阴坡、沟谷溪边的山地及平地均可正常生长，海拔300~800m比较适合，500m左右生长最适宜。

## 六、黄精的生物活性物质及功能活性

根据刘菡等（2023）的研究，我们对黄精的生物活性物质、功能活性进行了综述。

### （一）黄精生物活性物质

**1. 多糖类**

黄精多糖主要由9种不同比例的单糖组成，包括鼠李糖、甘露糖、木糖、阿拉伯糖、岩藻糖、半乳糖、葡萄糖、半乳糖醛酸和葡萄糖醛。目前，黄精多糖的提取方法多数采用传统水提醇沉法，其他方法有超声提取法、微生物提取法、酶解辅助法；一些新技术也被应用于黄精多糖的提取，比如动态超高压微射流法、低共熔溶剂法和微波辅助法。

**2. 黄酮类**

目前，从黄精属中共分离出54种黄酮，可分为高异黄酮类、异黄酮类、查耳酮类、二氢黄酮类、紫檀酮类和黄酮类。黄酮物质的提取方法主要有水提醇沉法、超声提取法、微波提取法及超声复合酶法，其中超声复合酶法提取量最高。

**3. 皂苷类**

黄精中的皂苷主要为甾体皂苷和三萜皂苷，现已发现黄精中共有67种甾体皂苷类化合物以及12种三萜皂苷类成分。甾体皂苷包括胆甾醇、呋喃甾醇和螺甾醇皂苷，黄精植物中的甾体皂苷可以通过环青藤醇的10种形式从橙烯氧化物中获得。

**4. 氨基酸及微量元素**

目前，黄精蛋白的分离方法有醇沉法、树脂吸附法、三氯乙酸法、Sevag法及酶解法，采用高效液相色谱法在黄精根状茎的蛋白质中检测到大量的氨基酸，其中包括人体所必需的8种氨基酸和8种非必需氨基酸。黄精中的微量元素以$Mg$含量最高，其次是$Fe$、$Zn$。

**5. 生物碱**

目前，在黄精中共分离出9种生物碱类化合物：1H－吲哚－3－甲醛、黄精碱A、黄精碱B、Nb－乙酰色胺、N－反式－桂皮酰酪胺、6,7－二氢吲哚嗪－8(5H)－酮、里西酮滇黄精酮、N－反式－对香豆酰真蛸胺和腺苷。

**6. 其他物质**

黄精中也含有少量木脂素。陈辉等（2020）通过色谱分离技术从黄精中分离出1种新型的苯骈呋喃型木脂类化合物，并命名为黄精新木脂素苷A。目前，关于黄精挥发性成分的研究并不完整。杜李继等（2021）采用GC-MS技术对10种炮制后的黄精样品中的挥发性物质进行测定，共鉴定出115种挥发性成分，其中醛类物质共32种，其次是醇类11种、酮类12种，而酸类、酯类、呋喃含量较少。

## （二）黄精的功能活性

### 1. 降低血糖和血脂

黄精降低血糖和血脂的作用机理可能与胰岛素水平的增加及抑制 α-葡萄糖苷酶有关（YAN et al., 2017）。黄精可调节肝脏中磷脂酰肌醇三激酶介导的信号通路，改善糖代谢和胰岛素的敏感性（XIE et al., 2022），也可以抑制α葡萄糖苷酶活性，使体内多糖类无法分解为葡萄糖，并阻止葡萄糖在肠道内的吸收，从而达到降低血糖的目的（GU et al., 2020）。WANG 等（2017）研究发现，黄精可以提升由链脲佐菌素所诱发的高血糖大鼠的血浆胰岛素和连接肽含量，降低高血糖大鼠空腹时的血糖水平和糖化血红蛋白含量。此外，高血脂是由多种原因导致体内脂质代谢紊乱，可引起动脉粥样硬化、冠心病等多种疾病发生，黄精可通过激活典型的低能量标志物（AMP）活化蛋白激酶信号通路，抑制脂肪生成，并促进脂质的分解，改善脂肪积累；同时对由 $H_2O_2$ 和脂多糖（LPS）诱导的内皮细胞损伤和凋亡具有保护作用，达到降低胆固醇和低密度脂蛋白的目的（YANG et al., 2015）。

### 2. 调节免疫

LIU 等（2018）采用环磷酰胺诱导的免疫抑制模型，对黄精中活性物质的免疫调节机理进行深入探讨，发现黄精能显著抑制细胞炎症反应，促进溶血素的形成，增强 RAW264.7 巨噬细胞的活力，同时提升 T 细胞和 B 细胞的增殖反应，因此黄精可以作为潜在的免疫刺激剂，其对细胞存活率、受损程度以及吞噬能力均有不同程度的影响，并与剂量浓度呈依赖性关系。将黄精中的活性物质进行硫酸化和部分水解后，得到的衍生物更有利于增加自然杀伤细胞的杀伤活性，从而提高免疫调节能力（ZHANG et al., 2019）。黄精还可以通过刺激骨骼肌细胞核核因子（NF-kB）和p38丝裂原活化蛋白激酶（p38 MAPK）的途径，提高 NO、肿瘤坏死因子-α（TNF-α）和白细胞介素-6

（IL-6）的表达（ZHAO et al., 2018），有效保护免疫器官机构和功能。

### 3. 抗肿瘤

黄精对肺癌、宫颈癌、前列腺癌和食管鳞状细胞癌均有良好的抵抗效果。黄精植物中的凝集素、甾体皂苷、多糖等主要通过诱导癌细胞的凋亡、自噬和激活免疫系统，来抑制癌细胞增殖（YELITHAO et al., 2019）。应用免疫疗法促使免疫效果提高，比其他传统方法副作用更少。体内和体外试验表明，黄精对肺癌的免疫增强作用是由受体4-激活的蛋白激酶或刺激核因子骨骼肌细胞核核因子信号通路介导的（LONG et al., 2018），通过激活转录因子产生多种促炎细胞因子，抑制癌细胞的表达。黄精通过线粒体死亡受体途径诱导人体宫颈癌细胞的凋亡（LI et al., 2020）。ZHOU 等（2019）研究发现，黄精通过调节 Toll 样受体4抗体表达，抑制人体食管鳞状细胞癌细胞系中 NF-kB 信号通路，阻止癌细胞的增殖、侵袭和迁移，从而达到抗癌的目的。

### 4. 抗氧化

体外试验表明，黄精在电子传递机制和螯合过渡金属方面表现出较强的抗氧化活性；体内试验表明，黄精的抗氧化机制可能与生物信号通路和基因表达有关（LI et al., 2019），具体表现为黄精通过调节内源性抗氧化应激核红细胞相关因子2的相关抗氧化通路，调节机体下游抗氧化酶的表达；其次，抑制诱导型一氧化氮合成酶（iNOS m R NA）的表达，减少 NO 的产生，从而明显改善机体的抗氧化能力，降低其氧化应激损伤（MU et al., 2021）。黄精还可以提高肝脏抗氧化酶活性，降低血清丙氨酸氨基转移酶（ALT）、谷草转氨酶（AST）、碱性磷酸酶（ALP）活性和肝脏丙二醛（MDA）水平（JIANG et al., 2013），从而减轻氧化损伤。

### 5. 抗疲劳

黄精是天然抗衰老药物的良好来源，影响血、肝、脑、心脏、肌肉等组织中的超氧化物歧化酶（SOD）、过氧化氢酶、谷丙转氨酶、MDA 等，其作用机制在于清除体内自由基，提高机体的抗氧化能力，以达到抗疲劳的目的。黄精可以提高机体氧化能力，降低蛋白质分解，从而减少乳酸、血清尿素氮等代谢产物；同时减少腓肠肌线粒体的应激损伤（张士凯等，2021）。此外，黄精也可以增加肝糖原、肌糖原和肌肉三磷酸腺苷，其潜在机制可能是通过调节骨钙素信号通路发挥抗疲劳作用（SHEN et al., 2021）。

### 6. 其他药理作用

黄精还具有其他生理活性，如抗病毒作用，MU等（2020）利用中药系统药理学数据库和分析平台收集所选天然化合物的药代动力学耐受剂量发现，黄精对治疗新型冠状病毒肺炎（COVID-19）有帮助，这可能是黄精中的多糖物质可以起到抑菌消炎作用。黄精可以通过调节信号通路对神经系统起到一定的保护作用，并预防阿尔茨海默病（ZHANG et al., 2015）。龙杰凤等（2022）发现，黄精能显著抑制大肠杆菌、金黄色葡萄球菌、白色念珠菌、巨大芽孢杆菌和枯草芽孢杆菌等。黄精在一定程度上还可以治疗骨质疏松，通过促进小鼠骨髓间充质干细胞成骨分化；抑制破骨细胞分化因子诱导的破骨细胞形成，并对LPS诱导的体内骨溶解发挥预防作用；也可以通过降低促进β-连环蛋白降解的糖原合成酶-3β水平，增加β-连环蛋白的核积聚（LI et al., 2019）。

# 第五章　多花黄精商品种苗培育

## 一、多花黄精种子播种与实生苗培育

### （一）多花黄精种子的综合休眠特点

#### 1. 多花黄精种子休眠特性

浙产多花黄精种子充分成熟一般在11月，也就是要到立冬之后成熟度才完全达到育苗的要求。想要育苗成功，种子是基础，不成熟的种子很容易导致育苗失败。

10月至11月初，外形饱满，成熟度高的墨绿色果实或近墨绿色果实（图5-1至图5-3），其种子出苗率高，壮苗率也较高。

图5-1　11月初采集的多花黄精成熟果实

提前倒伏的多花黄精，其果实多为嫩绿色，果实发酵后果皮不易腐烂，破皮后未成熟的种子漂浮在水上，这些种子播种后基本不能出苗，沉于水底的未成熟种子尽管可以出苗，但种苗活力差，壮苗少且种子出苗率低。

图5-2　11月中旬采收的多花黄精成熟果实呈黑色

图5-3　11月底采收的多花黄精成熟果实呈黑色,叶片已枯黄

与块茎种苗相比，种子苗繁殖系数高，一株成熟的多花黄精平均能收获100粒种子，且可每年采收，繁殖系数理论上为100倍；而一株成熟多花黄精只能提供约5个1~2年生的芽头用于种植，繁殖系数理论上为5倍。种子苗抗逆性强于根茎苗，同等规格的种子苗根茎生长速度明显快于块茎苗（图5-4）。

图5-4　多花黄精种子播种第二年出苗情况

多花黄精种子不经过处理发芽需要较长的时间，从播种到长苗一般要经过12个月左右，从出苗后到长成健壮苗又需要12个月的时间，并且发芽概率也并不高，大约只有60%。这是因为多花黄精种子存在休眠的原因，属于综合休眠。多花黄精种子秋季采收后，其种胚存在生理后熟，这是导致种子休眠的主要原因；另外多花黄精种子的胚乳细胞小，细胞质浓厚，排列致密，胞间隙小，影响物质的运输，以及黄精果实及种子中含有不同程度的发芽抑制物质，这是导致种子休眠的又一原因（图5-5）。

图5-5　去除果肉洗净的多花黄精种子

下面介绍种子休眠的类型，帮助大家进一步理解多花黄精休眠机理及休眠特性。

1. 种皮（广义）不透水 ………………………………………… 2
　2. 种皮损伤后2周种子萌发 ……………… 物理休眠（PY）
　2. 种皮损伤后2周种子未萌发 ……… 综合休眠（PY+PD）
1. 种皮（广义）透水 ………………………………………… 3
　　3. 胚未分化或已分化但未发育完全 ……………… 4
　　4. 胚未分化 ……………… 特殊的形态休眠（MD）
　　4. 已分化但未发育完全 ……………… 5
　　　5. 适宜温度下，种子在30d内萌发

　　　………………………… 形态休眠（MD）
　　　5. 适宜温度下，种子在30d内未萌发
　　　………………………… 形态生理休眠（MPD）
　　3. 胚发育完全 ………………………………………… 6
　　　5. 适宜温度下，种子在30d内萌发 ……… 非休眠
　　　5. 适宜温度下，种子在30d内不萌发 …… 生理休眠（PD）

三种药用黄精种子采收后均不能立即萌发，而要经过一段时间之后才逐渐萌发，可见药用黄精种子均有一定休眠时间。黄精和滇黄精种子休眠时间较短，30d即开始萌发，黄精种子60d即可达到较高的萌发率，而多花黄精种子萌发较慢，需数月才能萌发（图5-6）。

**2. 多花黄精种子萌发的特异性与生态适应性**

（1）多花黄精成熟种子中胚的发育不完全，结构简单，其胚为未分化出明显的子叶、胚芽和胚根的不完全胚，在种子萌发过程中逐步完成各部位的分化而成为成熟胚。

（2）多花黄精种子萌发后当年先由下胚轴膨大形成贮藏组织（初生根茎），翌年长出一片真叶，形成初生根茎，然后初生根茎也存在

休眠现象（图5-7）。自然条件下第一年多花黄精种子营养转移到初生根茎中，而形成初生根茎时由于外界环境的不适宜，形成的根茎芽开始休眠，以休眠芽的状态经过次年的冬季低温，破除休眠后出苗。

图5-6　多花黄精种子一般用湿沙贮藏于低温环境以打破休眠

图5-7　多花黄精破眠后要在20~25℃环境下才能顺利发芽

多花黄精种子在自然界中经历两次休眠出苗有利于度过恶劣的环境，对植物个体的生存、种的延续和进化都具有重要的意义，但给农业生产带来了一定困难，也增加了种植成本。

（3）多花黄精种子度过休眠后，其萌发最适温度是25℃，温度过低种子不能萌发。经过破眠技术处理后在恒温25℃且适宜水分条件下萌发大概需要2个月时间，自然条件下一年内无法同时满足以上2个条件。

**3. 多花黄精种子及胚形态**

（1）不同成熟度的种子形态

光皮黄精种子（图5-8）来自成熟的果实，浅白色种子（图5-9）来自未充分成熟的果实，绿皮种子（图5-10）果肉与种皮不容易分离，由于没有发育成熟，因此不能正常萌发。

图5-8　多花黄精充分成熟的种子,表皮光滑浅黄色、发芽率最高

图5-9　多花黄精半成熟的种子,表皮浅白色,部分带绿色,发芽率一般

图5-10　多花黄精未成熟的种子,表皮绿色,发芽率低

大多数种子表面平整光滑，种皮淡黄色，种脐呈小黑圆点状［图5-11(a)］，平整，不明显突出；干种子种皮皱缩呈深黄色，种脐突出呈深褐色，部分胚及胚乳清晰可见。

多花黄精成熟种子的种胚与胚乳呈分离状态。胚所在位置呈凹槽，被胚乳整体包裹，胚占据种子纵径约1/2的位置。

（2）胚的形态及种子活力检测

多花黄精种子外观均呈不规则卵圆形，有2或3个棱，鲜种子表面为淡黄白色，有光泽；阴干后呈黄褐色，光泽消失，种皮质地坚硬，种脐明显，呈深褐色圆点［图5-11(b)］。

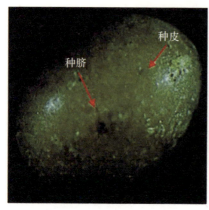
（a）种子外观

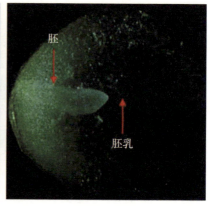
（b）种子纵切面

图5-11 多花黄精鲜种子

### 4. 多花黄精种子萌发出苗时期划分

多花黄精种子萌发出苗过程可以分为后熟休眠期（Ⅰ）、萌发期（Ⅱ）、小球茎形成期（Ⅲ）、胚芽形成期（Ⅳ）、初生根茎形成期（Ⅴ）和出苗期（Ⅵ）。刚采收的多花黄精种子具有形态生理休眠特性（图5-12），其胚未分化出明显的子叶、胚芽和胚根，随着种子的萌发而分化成成熟胚；多花黄精种子的萌发出苗伴随着胚乳的降解。

胚根突破种皮5mm左右视为种子萌发。药用黄精种子萌发后在胚根顶端或中部形成球状结构，产生不定根并形成直角弯曲，与不定

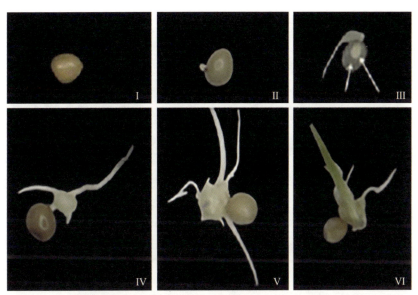

图5-12　多花黄精种子萌发出苗不同阶段外观（陈怡等，2020）

根相对的一侧分化成芽；随着球茎的增长，其与种子脱离成为独立块茎，随即再次进入休眠，即块茎休眠。

种子萌发后形成初生球茎，如不加干涉，自然条件下需要6个月以上的时间才能解除休眠。初生球茎休眠后苏醒并继续生长，通常当年生长出1片真叶视为出苗。初生球茎的休眠时间缺少充足的数据统计，仅有隔年、数月等概数，但一般都需跨越一个冬季。

总之，多花黄精的种子均不能立即萌发长叶，种子及初生球茎均需要一定时间的休眠，第1片叶子经历低温才能破土而出，从种子收获到再次长出叶子，一般需要2个冬季，跨越3年（图5-13）。

还有一点要注意：黑暗条件更有利于初生根茎出苗，光照12h比光照24h苗生长得更好，因为长时间的光照会导致叶绿素遭到了破坏，会导致光合作用能力下降，进而影响植物的其他器官。研究表明20~25℃最适合初生根茎的苗生长。

多花黄精以地下块茎为目标经济产物，初生根茎的覆土深度在1~

图5-13　多花黄精种子萌发出苗不同阶段的特征

3cm范围内，随着覆土深度的增大，出苗率、苗高、叶长宽乘积和根冠比减小。这是因为覆土深度越大，初生根茎在出苗之前消耗的营养、所受的阻力和机械磨损越多，致使供苗生长的营养越少，出苗质量也越差。多花黄精是浅根型植物，在保证土壤水分适宜的条件下覆土1cm苗生长最好。

### （二）多花黄精籽播苗（实生苗）的培育

籽育苗，就是多花黄精种子经过一系列的处理后，种子发芽，播撒在苗床上（图5-14和图5-15），在经过一年半到两年的时间，再移栽大田。移栽时，挑选枝叶壮、根须多芽头多的苗进行移栽。

育苗主要环节是：多花黄精果实采集后首先做去皮处理，洗净种子晾干，让种子进入一个休眠状态。经过破眠处理后让其在催芽室内萌芽，再播撒到整理好的苗床上，经过细心的管理，经过大概1~2年时间待其长到20cm左右高度的时候，下面球茎有拇指大小分芽头出

图5-14　多花黄精播种后第二年出苗情况

图5-15　多花黄精播种后第三年出苗情况

来，就可以移栽大田了。

特别说明的是，经过前期这个漫长的阶段后，后面移栽大田后，生长速度明显加快，并且后面芽头一长出来就会呈现出分发式生长。由于它移栽时，每一棵都是独立的个体，不存在伤口需要处理，根须新鲜而且多，移栽的成活率远远高于块茎。表现为扎根快，苗长得齐。相对来说，籽育苗的成本要低于块茎，建议生产上是优先选择籽生苗（图5-16），籽育苗（种子苗）成活率高，根系发达，抗病力强，植株健康，移栽成活率相当高（图5-17）。

图5-16 多花黄精籽育苗根茎的根系特别发达

图5-17 多花黄精播种后三年生实生苗根茎

**1. 留种植株的选择**

在植株现蕾时，选择品种纯正、生长健壮、无病虫害的植株作为留种株，及时摘除不留种植株的花蕾。在坐果期要增施磷钾肥，促进果实发育，确保籽粒饱满。一般健康的植株能收成熟种子65粒左右。注意千万别混杂长梗黄精果实，否则苗期无法鉴别区分（图5-18至图5-20）。

图5-18 浙江长梗黄精的总花梗比多花黄精显著细而长

图5-19 浙江长梗黄精的果实

图5-20　浙江多花黄精总花梗粗而短

**2. 种子采集与处理**

（1）果实采收

多花黄精果实采收期一般在10月底至11月中旬，成熟度最好的种子一般在11月以后采收。采集种子的母株需要健康无病虫害，当黄精的果实由绿色转变为墨绿色，直至深黑色变软时，种子已经成熟（图5-21至图5-23），即可进行采集。合格的成熟多花黄精种子千粒重大于38g，净度不低于95%，发芽率不低于80%。

图5-21　浙江多花黄精10月下旬成熟期的果实

图5-22　浙江多花黄精11月中旬成熟期的果实

图5-23　9月中旬采收的浙江多花黄精成熟果实

（2）种子处理

将采回后的果实放在阴凉处，喷杀菌消毒剂，上盖一层遮阳网，让其逐渐变软，经8~15d堆置发酵（图5-24），待85%以上的果皮变软后，即进行揉搓、流水冲洗种子，去除果皮、果肉、果梗等杂质，去除漂浮种子，剔除破损种子。在阴凉通风处，晾干种子表面的水分（切勿过干），切记不可暴晒，不可在密封塑料袋内保存，阴干后筛净后得到干净、饱满的多花黄精种子。将得到的种子置于4~10℃条件下储藏备用。

图5-24 多花黄精果实堆积发酵

　　果实处理应特别注意要将种脐处的果肉冲洗干净，以避免在沙藏催芽期间出现腐烂，导致播种失败。

　　多花黄精种子都有一层外种皮，也就是俗称的假种皮。等到种子熟透了，我们需要把这层种皮去掉，可以用水洗（图5-25至图5-27）。

图5-25　采收的多花黄精果实的果皮发酵软化后踩烂

图5-26　多花黄精果皮踩烂后用水冲洗

图5-27 在溪水里边踩边冲洗果皮

　　洗了外皮后得到的多花黄精净种子，颗粒很小，1斤有1万多粒。将洗出来的净种子表面水分稍微晾干，记住千万不要让太阳晒，放在家里阴干就行了，水分没有就可以收起来了（图5-28至图5-30）。

图5-28 多花黄精去皮后得到的种子,还需筛选后才能得到净籽

图5-29　多花黄精果实处理后取得的净籽

图5-30　将多花黄精种子进行消毒处理

（3）种子储藏

种子与沙子（清水沙）或营养土的比例不能低于 1:3，即一份种子至少需要三份（3~5份）的沙子或营养土，沙子或营养土的湿度以手握成团不出水，湿度在 40% 左右，松手后自然撒开为宜。拌种后装入麻袋，放在阴凉仓库里，定期浇水，保持湿度 30%~50%，沙藏 3 个月（图 5-31），定期检查，保持沙藏过程中沙子的湿润度，过干发白需喷水，及时处理霉变的种子，防止失水以及动物危害。种子储藏量大时，可于地势高、排水良好、背风阴凉处挖沟储藏，储藏时，沟底先铺一层 10cm 秸秆，再铺一层 5~10cm 湿沙，然后放入种子，厚度不超过 50cm，最上面再覆盖 5~10cm 湿沙即可。种子储藏量不大，可储藏在木箱中，方法同上。

注意拌种用细沙应先进行如下处理：把生根粉水溶液 5mg/L、苄氨基腺嘌呤水溶液 15mg/L、精甲咯嘧菌水溶液 200mg/L 等体积混合均匀，用所得混合液浸种后拌细沙播种。

图 5-31　多花黄精种子被层积沙藏处理

　　根据多花黄精种子量，也可在室内靠墙或大棚内靠边，选10~15m²，先在地上铺一层约10cm厚的沙，再将1份种子与3份沙（沙用70%甲基托布津可湿性粉剂1000倍液喷湿消毒）混装至种子袋，按照一层湿沙（厚度10cm）、一层种子袋摆放。种子袋放置最多不超过5层，最上层种子袋上覆盖15cm厚的湿沙，最后盖一层遮阳网保温保湿催芽。

　　（4）催芽

　　多花黄精种子属于胚休眠状态种类，其上胚轴和下胚轴均存有一定程度的休眠。打破多花黄精种子休眠可用300~500mg/L GA₃泡种24h，或冬季在户外沙藏层积90d左右。

　　打破休眠的多花黄精种子直接从冷库中取出，消毒后在25℃恒温环境下催芽一周即可露白，如果使用赤霉酸和益富源催芽生根剂泡种（图5-32和图5-33），可有效提高种子发芽率。少量多花黄精种子试验最适合的消毒灭菌处理方式是用2%次氯酸钠（NaClO）消毒15min，再用0.1%升汞（HgCl₂）消毒14min，污染率较低。

图5-32　用赤霉酸浸种打破休眠

图5-33　多花黄精播种时可拌入富源微生物催芽生根剂

（5）日常管理

果实发酵 1 周后，揉搓去掉果皮、果肉，漂洗干净，拌 3~5 倍体积细河沙层积，细河沙湿度约 30%，以手握成团一触即散为度。层积处理的种子放置于室外避雨处，定时少量补水以保持沙藏过程中的湿润度，并经常检查，及时处理霉变的种子，防止失水和鼠害（图5-34）。

图5-34　未经消毒处理的多花黄精易发生霉变，要及时清除及重新消毒处理

### 3.播种

（1）品种选用

多花黄精种子播种育苗周期长达4~5年，品种选择非常关键，不要盲目引种，有些黄精品种不是药典规定的品种。如果品种混杂或品种不纯，后果极为严重。因此，选购多花黄精种子一定要选有高度信誉的高校科研部门或农技推广部门作为供种单位，切勿采用来源复杂或小经营户的种子（图5-35）。

图5-35　杭州职业技术学院多花黄精种质资源圃

（2）育苗设施

多花黄精育苗一般在遮阴棚内进行，棚内透光率为50%~70%，夏秋季要有较好的通风降温性能，且配备喷灌设施（图5-36至图5-38）。

图5-36　多花黄精种子播种育苗大棚及苗床

图5-37　多花黄精育苗智能控制设施

图5-38　多花黄精播种后覆盖松针

（3）育苗地的选择

育苗地土壤以土质肥沃、疏松富含腐殖质、保水保肥、无污染源的砂壤土为佳，选择宜背风向阳、水源充足、排灌方便的地块，忌连作。黏、重的土壤，铅、汞、铬、砷等重金属和有害有毒物质超标的土壤，排水条件差的地块均不适宜。种过西瓜、西红柿、茄子、四季豆、叶菜等作物的地，不宜选作育苗地，此类地容易滋生蛴螬、蝼蛄、地老虎等害虫。有条件的地方尽量用混合基质播种催芽（图5-39）。

图5-39　多花黄精用混合基质播种催芽可避免有害生物

（4）整地，制作苗床

整地时间应为播种前10~20d，并施30~40kg/亩生石灰（偏酸性土壤）或2%~3%硫酸亚铁50kg/亩（偏碱性土壤）对土壤进行改良。耙平后整细作高床，床高约20cm，宽120cm，开好排水沟。比较理想的种子播种苗床可以铺设地热线（图5-40），并覆盖10cm育苗基质进行播种育苗。

图5-40　多花黄精电热苗床播种

（5）播种时间

秋冬播11月至1月、春播3~4月（沙藏的种子，沙子带种子一起播种）。

（6）播种量

每亩播种量约15~20kg，种子千粒重为30~40g，每亩出苗数约30万株以上。

（7）播种方法

撒播和条播，播种后覆细土或营养土1.5~2.0cm，稍镇压后浇水，然后盖上松针或砻糠或秸秆（干草）（图5-41），保温保湿，以利出苗。

图5-41　多花黄精播种后覆盖松针（或稻壳），有抑草、遮阴、保湿之效

### 4. 苗期管理

（1）温湿度管理

播种后到3月底，约15%的多花黄精种子发芽出土（图5-42），此期要控制好棚内温湿度。

图5-42　多花黄精发芽情况

（2）肥水管理

5月中旬后，每15d喷施1次5‰的叶面肥。6月底前，种子出苗约达30%，此时应加强棚内多花黄精苗床除草、水肥和温湿度管控（图5-43）。6月后，可用5‰的叶面肥浇灌多花黄精苗，施肥3~4次，并观察苗的生长情况（图5-44）。冬季做好清园工作（图5-45）。忌积水，苗床土壤见干见湿。在出苗以后30天后，间隔25天左右，追肥2~3次。肥料最好选择安全性高的专用育苗肥，浓度控制在800~1000倍。

（3）间苗和补苗

一年生苗较小，生长较慢，无须间苗。播种后30个月左右的二年生苗，当苗生长6~9cm，达到3~5片叶时，进行间苗和补苗。育苗密度控制在200~400株/m²。

（4）病虫害防治

6~8月，因温度高、湿度大，多花黄精苗可能会发生叶斑病和蚜虫等，要做好幼苗的病虫害防控工作。每15d用"25%多菌灵可湿性粉剂+10%氯氰菊酯"的混合液1500倍液喷施防控。

图5-43　多花黄精水肥一体化设施

图5-44  多花黄精种苗生长情况

图5-45  多花黄精苗圃冬季做好
　　　　清园工作

（5）出圃栽植

一般经过3~4年精心管理和培育即可出圃（图5-46），出圃时要保证圃地湿润、疏松，尽量少伤根系和根茎。倒苗后至翌年2月挖取种苗根茎（图5-47）。

图5-46　多花黄精生长二年后的籽播种苗种茎

图5-47　多花黄精生长三年后的籽播种苗种茎

## 二、多花黄精块茎苗培育

块茎繁殖是多花黄精最传统的繁殖方法，其后代基本能够完全保持亲本的遗传特性和经济性状，是目前最为普遍的扩繁方式之一，同时也能为多花黄精作为高异交植物的选育提供足够性状一致的亲本群体。

块茎（块茎苗）（图5-48），顾名思义，就是通过黄精的根茎，进行繁殖繁育。有点类似于土豆（洋芋）、红薯的繁育方式。选种时，优先选取那种块头大、根须多、芽头多、无霉变腐烂的根茎，进行切块处理。这里就会出现一个问题，切块时，要尽量让切的伤口小而且平整，切块刀具要事先进行消毒处理，以防切的伤口感染。切好后，伤口得进行特定的处理，目的就是为了防止其下地后，因为伤口处理不佳导致霉烂。切好的块茎下地后，得经历一个比较漫长的过程，一般块茎的根须都比较少，它都必须先重新长出新根，然后才会重新长出芽头。这个过程，一般需要5~6个月，并且由于营养吸收供给生根快慢的缘故，芽头出得有早有晚，一般半年后苗很难出齐。甚至，第二年有的先出的都长得很大了，有的才刚刚出苗，甚至有的还没出苗。这是一个很常见的现象。

图5-48 多花黄精生块茎苗（块茎）

　　这种情况是大部分块茎育苗存在的问题。因此，块茎苗种植季节不对，处理方法不当，块茎容易腐烂。黄精块茎苗种植缺点多，比如容易腐烂，短时间不能施化肥，技术要求高，后期爆发力弱长势差等。

**1. 多花黄精种茎萌发出苗期划分**

　　多花黄精种茎萌发出苗期分为越冬休眠期（Ⅰ）、萌芽初期（Ⅱ）、萌芽后期（Ⅲ）、出苗期（Ⅳ）四个时期（图5-49）。

图5-49　多花黄精块茎萌发出苗不同阶段外观以及芽内部观察（陈怡，2020）

**2. 茎段繁殖育苗**

早春（3月下旬）或晚秋前后，选1~2年生、健壮并无病虫害的植株根茎，进行块茎繁殖。因为块茎繁殖为无性繁殖，基因完全是母体的完整拷贝，优质的基因可以保持。

在多花黄精栽培过程中，经常会使用黄精块茎进行育苗，在使用黄精块茎进行育苗时，如果不经过适当的处理，黄精块茎很容易受到感染，使黄精育苗的成活率低。茎段育苗主要有两种方法。

（1）采用快繁苗床育苗

①母茎处理　采购到多花黄精母茎后，先去除泥土，剪除须根，切成1~2cm的茎段（图5-50）。

图5-50　多花黄精母茎分切处理

②茎段消毒　一般用500倍的多菌灵溶液浸种20min（图5-51）。浸种最好在冷库气温较低的地方进行，以免温度过高导致茎段伤害。

③茎段晾晒　消毒后的茎段放在有遮阳和水帘风机控温设施的高架苗床上晾晒5~8d，检查黄精断面没有病变，伤口干缩后即可放入快繁苗床内育苗（图5-52和图5-53）。

图5-51　多花黄精茎段用多菌灵浸种消毒处理

图5-52　多花黄精茎段消毒后进行挑选

图5-53　多花黄精茎段放置通风阴凉处干燥

④茎段催芽及苗期管理　在20~25℃环境下，一般4~6个月就可出苗，出苗整齐后可喷放一些叶面肥，春、秋季施用缓释肥及微生物菌剂，第二年秋冬季即可出圃（图5-54）。

（2）用老茎段剪除后留下的嫩茎头进行育苗（图5-55）

①选好茎种　市场上多花黄精种源混杂情况比较严重，茎种采购时务必到生产现场察看，指派技术人员到田地现场确认品种后现挖现称，直接装车运到育苗基地，避免途中调包或掺杂品种。

图5-54　用快繁苗床培育的多花黄精茎苗

图5-55　选购多花黄精纯正品种才能有效保障种苗质量

②选地 选择海拔300~600m的山区湿润有充分隐蔽的林下地块（图5-56）、保水力好的壤土和砂壤土为宜，低坡度山地最佳。该类土壤疏松肥沃，土层深厚，水源充足，排涝方便，而黏重土、盐碱地及低洼积水地不宜用作块茎育苗。

③整地与遮阳棚搭建 先撒腐熟农家肥2000kg/亩，过磷酸钙25kg/亩，然后耕翻25~30cm，耕细整平（图5-57）。

图5-56 选择低坡度山地作为多花黄精育苗地

图5-57 多花黄精茎段繁育苗床

因地制宜，整地平畦，畦面宽1.2m，中间高四周低的龟背状，坡地可以不开沟，平地应开0.5m宽排水沟。

④种植时期　第一年9月至第二年3月出苗前均可育苗，以9月下旬至10月上旬育苗最佳。

⑤种茎选择　选择无病虫害、无损伤、芽头完好的多花黄精根茎做种，将带芽头的根茎截成2~3节一段，将草木灰涂于伤口（图5-58）。

⑥种茎处理与消毒　种茎在播种前，用消毒剂进行消毒，阴干（图5-58）。常用消毒方法：多菌灵可湿性粉剂或甲基托普津杀虫剂1000倍液浸种30min左右，捞出阴干。晒种：阴干后晒1d，提高出芽率（图5-59）。

⑦摆块茎　块茎间隔3~4cm（图5-60）。芽头朝上，覆土5~8cm。

图5-58　多花黄精根茎的切口消毒

图5-59 多花黄精田间铺上遮阳网后就可以晒种

图5-60 摆块茎(每平方米摆放400~500个)

⑧覆土　多花黄精出苗前覆盖稻草和其他茅草、松毛、山核桃壳，便于防冻、防虫、防病。具体操作方法：覆盖一层透气性良好的砂壤土或者腐殖土，再覆盖一层茅草（图5-61和图5-62）。

图5-61　田间覆盖腐殖土（保湿）

图5-62　畦面覆盖茅草

　　块茎还可以采用沙床催芽方法：建宽150cm深25cm的沙床池，底部铺放5cm厚的河沙，把已选好的多花黄精种苗块茎用草木灰处理创面，使用5ppm赤霉酸加5ppm吲哚丁酸催芽生根处理，芽环斑向上密集摆放于沙床上，覆沙3cm，再以同样方式摆放一层种块，保持温度25℃，相对空气湿度65%，地温在15℃时芽开始萌动或形成芽基，水分达到40%~60%后一个月形成新根，待块茎刚发芽未长叶时在雨季前向林下移植。沙床催芽这一过程可打破部分根茎的休眠。

　　⑨田间管理　中耕除草：每年4月开始，根据土壤墒情进行中耕除草培土（图5-63），不建议夏季炎热天除草，容易死苗。

　　肥水管理：出苗前，保持土壤湿润，确保出苗，出苗后，雨季及时清沟沥水，不宜漫灌。

图5-63　多花黄精育苗地杂草发生情况

追肥（图5-64）：4~7月结合中耕除草及时补肥，每亩施有机肥（有机质含量46%、碳磷钾含量大于12%）100kg，每亩施三元复合肥（碳磷钾含量15：15：15）25kg，或者1000kg腐熟的农家肥，11月重施越冬肥，每亩施腐熟的农家1000~1500kg，三元复合肥25kg。注意多花黄精是忌氯作物，施入含氯的肥料后会造成烂根减产。

图5-64　有机肥发酵液与生物菌肥混合液

病虫害防治：多花黄精主要病害有叶斑病、黑斑病、炭疽病、根腐病、枯萎病，主要虫害有小地老虎、蛴螬、飞虱、叶蝉等（图5-65）。

图5-65　多花黄精育苗地施有未腐熟的有机肥容易发生蛴螬危害

农业防治：选择抗病性强、无病虫害的多花黄精根茎（图5-66）；及时清理打扫田间病残植株和枯枝落叶，加强生长情况观察，及时准确开展病情预测预防，用桐梓壳覆盖黄精杀虫。物理防治：根据害虫的不同性质，4月下旬至7月，在黄精田间安装杀虫灯或者装黄色黏虫板，用红糖水敌百虫混合液碟装放置田间诱杀地下害虫。化学防治：使用杀菌剂消毒，

图5-66　多花黄精小块茎苗

防治病害，尽量用生物农药杀虫。

## 三、多花黄精组培苗繁育

组织培养既能实现植物个体的快速大量繁殖，又能较好地保持植物的种质特性，可实现多花黄精的工厂化育苗和优良品种的加快推广。

多花黄精组织培养操作流程如图5-67所示。

图5-67　多花黄精组织培养六个阶段
　　a.叶片诱导产生的愈伤组织　　b.愈伤组织的继代增殖　　c.愈伤组织诱导不定芽
　　d.45d后的丛生芽　　　　　　　e.试管苗生根　　　　　　f.组培移栽苗

**1. 多花黄精组培快繁母株的选择**

从市场买入长势较好、无病虫害的多花黄精品种，一般以多花黄精的带芽根状茎作为外植体。外植体的采样时间最好在秋季10月至12月初肉质茎上芽饱满时。

**2. 多花黄精外植体消毒和无菌材料的获取**

选取优良单株当年生的芽块，用自来水冲洗干净芽块表面的尘土，将锋利的双面刀片浸泡在75%的酒精中，备用。取出双面刀片切除芽块上的根（沿根基部切除根，把去根的芽块放入容器中，在流动的自来水下冲洗约30min，水流不宜太急，以免芽头受伤害。取出去根的芽块，用吸水纸吸干表面的水分，取出双面刀片，去除芽块表皮，切勿伤害芽头，去表皮的芽块在流动的自来水下冲洗30~60min，取出芽块用无菌纸吸干芽块表面水分，切除伤口处部分组织，形成新的切口，切口朝下，接入诱导芽生长的培养基上进行芽生长培养。

**3. 不定芽的诱导**

将已消毒的多花黄精带芽根状茎接种于MS基本培养基上，添加6-BA加NAA进行不定芽诱导培养。

**4. 生根培养（图5-68）**

将增殖培养后生长健壮的单苗转移至不定根诱导培养基。以1/2MS为基本培养基，设置适当浓度的NAA处理，接种外植体。

**5. 组织培养条件**

培养基内琼脂浓度6.5g/L，蔗糖浓度30g/L，pH5.8。培养时光照时间12h/d，光照强度1500~2000lx，温度24±2℃。

**6. 组培苗的炼苗与移栽（图5-69）**

多花黄精组培苗生根45d后，要敞开培养瓶炼苗3d，选择根长2~3cm、根数多于3条芽的植株，洗净培养基后移栽于基质（泥炭∶沙∶珍珠岩＝2∶2∶1），或直接栽在基菲中，放到温度处于18~20℃的遮阴保湿大棚环境下，要求土壤湿度在50%~60%，一般7~14d喷施一次叶面肥，大约60d后多花黄精组培苗成活率可达85%以上。

图5-68　多花黄精组培生根阶段

图5-69　多花黄精基菲炼苗阶段

# 第六章　多花黄精林下生态高效种植关键技术

## 一、多花黄精林下生态种植模式

多花黄精集药用、食用、观赏及美容功效于一身，随着国内大健康产业的兴起，特别是在营养保健、中国老年疾病预防等方面的独特作用，市场对多花黄精需求越来越大。但野生多花黄精资源日益枯竭，因此，多花黄精的人工种植迎来了前所未有的大机遇（图6-1）。

图6-1　浙江省大力推广的林下多花黄精生态种植模式

浙产多花黄精林下生态种植模式是通过适于林下多花黄精复合经营的林分选择，调控林分透光率、降低土壤紧密度、改善土壤水肥条件等构建多花黄精林下良好生长环境，实现多花黄精高质量林下引入、块茎可持续采收，在保障生态环境安全和多花黄精块茎较高的多糖、皂苷、黄酮等药效成分含量的基础上，实现较高的多花黄精块茎经济产出（图6-2至图6-11）。

图6-2　华东覆盆子套种多花黄精模式

图6-3　高海拔平地多花黄精大棚种植模式

图6-4　庆元高山地区种植的多花黄精品种"丽精1号"

图6-5　衢州地区林缘见缝插针式种植的多花黄精

图6-6　江山展飞家庭农场竹林片植多花黄精种植模式

图6-7　临岐地区桃园套种多花黄精

图6-8　临安昌化山茱萸套种多花黄精模式(杭州临安民丰山茱萸专业合作社基地)

图6-9　淳安县临岐地区吴茱萸套种多花黄精模式

图6-10　杉木林下多花黄精仿野生种植模式

图6-11　柑橘林套种多花黄精生态种植模式

### （一）多花黄精林下生态种植技术基础

多花黄精性喜阴凉潮湿的环境，人工栽培多花黄精可以采用人工设施种植，但只能遮光，不能很好控制其他环境因子，还会面临病虫害及极端自然条件的威胁。针对这些情况，我们要深入了解多花黄精适宜的光照、温度、水分等环境因子对其生长发育的影响，为多花黄精栽培过程中环境因子的调控提供指导。

**1. 光照对多花黄精生长发育的影响与调控**

（1）光照对多花黄精生长发育的影响

光照对多花黄精幼苗形态、不同器官干质量及分配和叶片性状有明显影响。当透光率在适宜区间内，植株生物量的积累随着透光率增大而逐渐提高。光照不适对多花黄精有严重不良影响。

弱光照症状：在光照过低条件下，植株的株高和叶面积增加，光合作用减弱，光合速率减小，暗呼吸速率相应增大，营养生长受到抑制，有机物积累过少，导致单株总生物量较小，根长、根数、块根直径及体积都显著减少。

强光照症状：在强光直射下，多花黄精叶片会受到灼伤，叶片出现皱缩，植物生长速度降低甚至停滞，叶片失绿变黄，凋萎枯黄，最终死亡。

（2）多花黄精生长过程中光照的调节

生产上需要根据多花黄精的生长状况及光照强度的季节变化对光照进行适时的调节。①肥水条件良好、长势健壮的种苗，光照强度可以调整到高强度部分，反之，则调整至低强度部分，光强的高低与种苗的健壮与否有关。②夏季11:00以前，光照强度可以调整到高强度部分，11:00—15:30时段可以调整到低强度部分，15:30以后可以调整到高强度部分。③旱季调整到低强度部分，雨季调整到高强度部分。④晴天调整到低强度部分，阴天调整到高强度部分。

**2. 温度对多花黄精生长发育的影响与调控**

（1）温度对多花黄精生长发育的影响

高温和低温胁迫均会影响多花黄精植株的正常生长。尤其是高温会使多花黄精出现叶片萎蔫、卷曲、枯黄、脱落等症状，高温胁迫还会削弱植株抗性，使多花黄精对病菌更敏感，更易受到病原菌的侵染。在7月至8月高温高湿天气，当气温超过30℃并且相对湿度达到80%~90%时，根腐病发生比较严重。

（2）多花黄精生长过程中温度的调节

在多花黄精育苗时，种苗温度控制在15~30℃较合适，多花黄精种苗对温度的耐受性与种苗的生长状况有关。①肥水条件良好、长势健壮的种苗，环境温度可以控制在30℃以下，反之，则控制在25℃以下，多花黄精对温度的耐受能力与种苗的健壮与否有关。②11:00—15:00，严格监控温度情况，一旦超过28℃，则需及时通风降温。

**3. 土壤水分对多花黄精生长发育的影响与调控**

多花黄精整个生育期对土壤水分敏感，土壤水分含量会显著影响多花黄精出苗、生长、根系形态建成及代谢。据研究，土壤持水量为田间最大持水量的80%~90%最适宜多花黄精生长和发育。水分失衡会影响植株代谢，导致根际微生物失衡，加重连作障碍。

多花黄精种子储藏期、播种后出苗前及种苗移栽后出苗前对水分非常敏感。种子储藏期宜用5%含水量沙埋层积处理，在这个水分条件下，多花黄精种子能够保持60%左右的含水量，有利于休眠种子的萌发。由于黄精种子具有脱水不耐受的特性，水分过少会导致种子脱水，降低种子的生物活性，大大降低发芽率；水分过多会导致种子霉烂。种子在播种之后不需要特别多的水分，对墒面土壤进行保湿即可，墒面边缘土壤有轻微缺水时应立即进行补水。种苗移栽后需要注意水分管理。在移栽之前需要对种茎进行适当的晾晒，除去表面多余水分，这样做能够有效减少黄精根腐病的发生。黄精种茎移栽后至出苗前不需要特别多的水分，水分过多会造成种茎腐烂，水分过少则会造成出苗时间延后，出苗不齐，缩短了生长周期，长期水分不足则会导致黄精缺水死亡。正确做法是移栽之后浇足定根水，直至墒边上种苗有轻度失水(墒边种苗摸起来有点失水变软)后进行补水，并且要避免少量多次的浇水方式，每次浇水应直至浇透，能够长时间保持墒面湿润并且不会有较高的土壤含水量。

**4. 适宜多花黄精生长的主要土壤理化性质范围**

（1）适宜多花黄精生长的pH范围

土壤pH可直接影响基质内养分的有效性，影响植物根的生长发育。从不同土壤pH可以看出，多花黄精生长较好土壤的pH主要是中偏微酸性，具体范围是5.5~7.0。该pH范围有利于多花黄精对土壤养分的吸收，也有利于减少根部锈、裂口的发生。

（2）适宜多花黄精生长的电导率(EC)范围

适宜多花黄精生长的EC值在0.20~0.40dS/m，土壤电导率超过0.6dS/m会导致烧苗现象。

（3）适宜多花黄精生长的土壤毛管孔隙度范围

毛管孔隙是植物根系吸收水分的主要场所，毛管孔隙度的大小关系到植物对水分的吸收是否能够满足植物的生长。不同毛管孔隙度测定结果表明，毛管孔隙度为2.5%~3.2%时适宜黄精根系对水分的吸收。随着土壤毛管孔隙度的增大，黄精锈、裂口指数随之降低。当毛管孔隙度在2.8%以上，锈、裂口指数均较低。因此，具有较大的毛管孔隙度有利于减少锈、裂口的发生。

（4）适宜多花黄精生长的通气孔隙度范围

通气孔隙度的大小直接关系到作物根系的生长和发育。不同土壤通气孔隙度测定结果显示，土壤通气孔隙度为30%~50%时适宜黄精的生长。随着通气孔隙度的增加，锈、裂口指数随之降低。在实际的生产中，我们要适当考虑增大基质的通气孔隙度，这样有利于减少锈、裂口的发生，但也不是通气孔隙度越大越好，通气孔隙度过大可能造成土壤保水性能的降低。

（5）适宜黄精苗生长的土壤容重范围

不同配比基质容重测定结果表明，适宜黄精生长的土壤容重范围在 0.9~1.4g/cm³。土壤容重为 0.4~0.9g/cm³ 时，随着容重的降低，裂口指数也随之降低，但趋势不明显；土壤容重为 0.9~1.4g/cm³ 时，随着容重的升高，裂口指数也随之升高。因此，容重与黄精块茎锈、裂口的关系是：容重小于 0.9g/cm³，锈、裂口均很小，容重大于 0.9g/cm³，容重和锈、裂口的发生呈正相关。

（6）适宜黄精种苗生长的基质田间持水量范围

田间持水量是土壤所能稳定保持的最高含水量，常用来作为灌溉上限和计算灌水定额的指标。不同土壤田间持水量测定结果表明，适宜黄精生长的田间持水量范围为 30%~45%FC。随着基质田间持水量的增大，锈、裂口的发生程度降低。在实际生产中，田间持水量适当大于35%，可以减少锈、裂口的发生。

（7）适宜黄精种苗生长基质的营养元素含量范围

碱解氮（N）：氮素营养是植物生长三大必需元素之一，氮素能够显著影响植物的生长。碱解氮含量能够很好地反映植物利用的氮的情况。适宜多花黄精生长的碱解氮范围应该为 90~260mg/kg，当土壤碱解氮含量为150mg/kg左右时最适宜多花黄精生长。

有效磷（P）：不同基质有效磷含量测定结果表明，适宜范围是 100~150mg/kg。

速效钾（K）：多花黄精为喜钾作物，对钾素有较大吸收，土壤含钾量的多少对多花黄精生长有显著影响。适宜范围是 150~300mg/kg。

## （二）多花黄精林下生态种植关键技术

野生黄精主要分布在针阔混交林、毛竹林、厚朴林、油茶林及其林缘与山谷溪沟两旁，尤其在毛竹林下生长良好，分布最多。因此，林下黄精人工生态种植具有天然的生态适应及重要的经济意义与生态意义。

这种栽培模式一般四年收一茬，除去林木的经济收益，单看黄精，其亩产量可达3000kg，按目前的鲜品收购价格15~16元/kg计算，每亩收益可达五万元左右，除去种植成本，平均每年纯利每亩收益万元以上。

**1. 种植林地的选择**

多花黄精喜欢生长在湿润荫蔽的环境（图6-12），所以在种植时要选择一个适宜它生长的环境，以遮阴（特别是小苗期，遮阴度60%~70%）、土质疏松、保水力好的壤土或砂壤土为宜。

一般选择土壤疏松、肥沃，近水源，交通方便的板栗、锥栗、山核桃、香榧、油茶、苦槠、栎和枫香等林分进行多花黄精林下复合经营（图6-13和图6-14）。环境空气、土壤和灌溉水质量应符合相关国家标准规定的要求。种植基地应该远离市区，远离污染源，环境空气质量至少符合GB 3095二类要求，土壤环境质量至少应符合GB 15618二级要求，农田灌溉水质至少应符合GB 5084二级标准要求。

图6-12 马尾松树干上附生铁皮石斛、林下种植多花黄精的立体模式

图6-13　长乐林场创龄生物科技公司创建湿地松树干上附生铁皮石斛、林下种植多花黄精
　　　　的立体种植模式

图6-14　磐安高海拔林下控根容器种植多花黄精

林地位置以海拔 300~800m 为宜，透光率要求 50%~70%。土壤以肥沃沙质壤土为宜，而黏重土、盐碱地、低洼地和干旱地块均不宜种植。

**2. 林地整理**

在林地的半高山处先人工劈除林下杂灌草，开垦后便于多花黄精引入和抚育管理。为保障多花黄精根茎质量安全和环境安全，严禁使用化学除草剂。

同时，为便于抚育管理，减少水土流失，林下多花黄精栽植时一般采取带状种植方法（图6-15）。沿等高线每隔1~2m设置种植带1.5~2.0m。种植带采用林地垦复方式疏松培肥土壤，清除树蔸或竹蔸和石块。

图6-15　多花黄精林地整理方式——水平带

### 3. 林分结构调整

过密林分需间伐去除枯死、倒伏、生长势差、干形差、病虫危害的立木，降低林分密度，并使立木在林中分布相对均匀；对密度适宜但透光率偏高的林分，可通过修枝方法调控林分透光率为45%~75%。

多花黄精喜湿润荫蔽的环境，其中湿度太大也不行，最好控制在湿度50%左右（图6-16），湿度长期大于85%以上容易遭受根腐病的危害。

### 4. 整地、施基肥

整坡挖地最好提前5~6个月进行，地势坡度较大的区域，需要挖出梯形的种植带，并在其中挖出宽度为20cm、深度为20cm的排水沟，并深翻土壤30cm左右。如果坡度比较小，在黄精套种的区域也要挖掘种植坑。土壤深翻30cm，耙平后每亩地施腐熟的农家有机肥1~1.5吨或者商品有机肥240kg加硫酸钾复合肥（15∶15∶15）50kg（图6-17）。

图6-16　多花黄精竹林间伐控制适宜的透光率

图6-17　用商品有机肥加生物菌剂作基肥施入土中

有地下害虫的地块还可每亩施入100kg茶饼再旋耕入土，将土壤耙细耙平起垄，畦面宽度不大于1.2m，沟深25~30cm。有机肥质量应符合NY525的规定，复合肥料应符合GB/T 15063—2020的规定。

为避免人工栽培的种茎携带病菌和线虫，可以加5%丁硫毒死蜱颗粒剂3kg/亩，以及每亩一袋噻唑膦颗粒剂，旋耕拌匀做底肥；也可选用寡糖·噻唑膦（图6-18），它是由氨基寡糖素和噻唑膦复配而成。氨基寡糖素可以迅速激发植物的防御反应，活化细胞，直接抑制线虫生长，还具有强大的生根养根作用，促进植株的生长，增强作物的抗逆性。而噻唑膦则可以阻碍线虫的活动，杀

图6-18　杀线虫"新神器"（寡糖·噻唑膦），杀虫杀卵又生根

虫杀卵，灭杀根部线虫。二者复配后，增效作用明显，活性更高，大大降低线虫对噻唑膦的抗药性。据试验，加入氨基寡糖素后，活性可提高10倍以上。

### 5. 栽植方式

一般采用多花黄精种茎或幼苗栽植，其中以种茎栽植为主。

（1）种茎栽植

10月下旬至12月，多花黄精种子自然脱落后采挖地下块茎，块茎挖起后即可栽植于林中，也可用不渗出水的湿沙保存，至第2年春季栽植。多花黄精地上部分的茎组织幼嫩，易折断，挖取、运输和栽植时要注意保护。要特别注意多花黄精11月下旬后根状茎长芽较快，采挖、运输及种植作业时要做好芽头保护工作（图6-19和图6-20）。

图6-19　黄精根茎于11月底已长出新芽，栽植时容易损坏

图6-20　多花黄精种茎需用泡沫箱或塑料框装运,切勿损伤芽头

（2）幼苗移栽

幼苗栽植为4~5月，挖取完整的多花黄精植株（包括地下块茎），一般采用容器苗种植。多花黄精地上部分的茎组织较幼嫩，易折断，挖取、运输和栽植时要注意保护（图6-21）。

多花黄精可采用块茎苗种茎、籽播苗种茎两种方法进行林下栽植。种植密度可根据种植环境情况而定。第一次栽植时初植密度6000~8000株/亩以上。以后结合块茎采挖情况，用块茎或种苗在稀疏处适当补植。

图6-21　多花黄精容器苗移栽

## 6. 栽植要点

（1）种茎处理

多花黄精种茎在种植前可用"齐美新+杀地通+赤霉酸+喷效"溶液进行浸泡包衣处理；也可将块茎断口用噻霉酮、中生菌素、百菌清400倍液浸泡30min消毒（图6-22至图6-24）；还可将块茎切口稍加晾干后再在草木灰堆中滚翻处理，能有效防止种植后块茎腐烂而影响成活率。

图6-22　多花黄精种茎消毒药剂

图6-23　多花黄精种茎浸泡消毒

图6-24　多花黄精种茎喷药消毒

（2）栽植密度

按照株行距25cm×30cm密度穴栽（图6-25）。

在郁闭度较小的缓坡林分内采用集约经营模式。林下种植多花黄精由于树木生长限制，种茎种植的初植密度一般控制在1500~2500株/亩。种茎栽植要浅，根据种茎的大小在林中挖一小穴，放入块茎，盖上土，种茎至表土2cm左右，稍压实（图6-26）。对于幼苗栽植亦采用上述方法进行。

图6-25　多花黄精合理密植，可以有效提高产量

图6-26　多花黄精种茎栽植要浅，边栽边覆土，将种茎和有机肥一起盖住

在郁闭度较大的林分内或坡度较大的林分内采用不规则密度种植，每亩控制在1000株/亩左右。对坡度较大的林分，为防止表土流失后种茎裸露，栽植时可适当加深。

（3）种茎栽植方法

在畦面上挖穴，穴内放入矿源活性炭和美滋乐平衡型长效肥作种肥。穴肥放入后，将肥料和穴内的土壤搅拌混合，也可以在穴肥上盖一层土，然后放入多花黄精种茎，最后盖土将种茎盖住，盖土厚度3~5cm。注意块茎栽植宜浅不宜深（图6-27）。

每穴1钵容器苗或者1段带芽种茎，覆盖稀土以看不见芽头为标准，压紧，浇水。种苗随挖随栽，栽植时根据种苗所带的块茎大小挖种植穴，放入种苗后盖土压实。

对坡度25°以上的陡坡地，为防止表土流失后块茎裸露而影响多花黄精成活率和良好生长，栽植时可适当深些。块茎栽植后铺设3~5cm厚的杂草，起土壤保湿和保温作用，提高出苗率和生长质量。

图6-27 多花黄精块茎种植时一并施入缓释平衡肥料作种肥

　　在多花黄精初加工过程中将2~5年生的健壮、无病虫害的多花黄精小块茎都筛选下来，作为种苗进行返林下种植（图6-28）。

　　栽种好浇透一次水（图6-29），有助于发芽，使用这样的种植方法生长比较快，收获时间短，经济效益见效快。

图6-28　多花黄精小块茎栽种

图6-29　多花黄精栽种后及时喷水

**7. 覆盖管理**

栽后覆盖2cm左右的谷壳、松针或茅草（图6-30和图6-31），旱季需3~4d后再浇一次水。

图6-30(a)　多花黄精栽种后准备覆盖松针

图6-30(b)　多花黄精栽种后冬季覆盖高粱秆及遮阳网

图6-31　多花黄精栽种后光照调节与畦面覆盖保湿

## 8. 田间管理

（1）保湿控湿遮阴

黄精喜湿润荫蔽的环境，其中湿度太大也不行，最好控制在50%左右，湿度长期大于85%以上容易遭受根腐病的危害。如果没有遮阴条件，比如是栽种在向阳地段，我们可以在行间距栽种玉米或其他的高秆作物，也可以搭建遮阳网遮阴，遮阴度一般为60%~70%。

（2）中耕除草

每年4月、6月可以采取浅锄培土除草，9月份可以采取人工拔草（图6-32）。出苗后最主要的工作就是中耕除草，为了避免杂草和幼苗争水争肥，在幼苗出土后就要开始除草工作，一般每年要进行3~4次的人工除草工作，确保田间无杂草。为避免高温危害，一般每年6月至9月田间留草可起到降温保湿作用，更有利于多花黄精越夏生长。

图6-32　多花黄精每年6月前及9月后要做好除草工作

　　同时为了促进幼苗根系生长，中耕是必需的，可以疏松土壤，以防土壤板结阻碍到根系的生长，尤其是在雨后，土壤极易板结，及时中耕能避免根系缺氧窒息。松土注意宜浅不宜深，避免伤及多花黄精的根系，严禁使用化学除草剂。在黄精生长过程中，也要经常清沟培土于根部，避免根状茎外露吹风。

　　结合中耕除草追肥，并适时灌施高钾型大量元素水溶肥（图6-33），促使叶面光合作用产物（营养）向根系输送，提高营养转换率和松土能力，使根茎快速膨大，提高产量和品质。同时，加强对病虫害的综合防治。在秋末要做好越冬防寒保温工作，确保安全越冬，以保来年的丰收。

图6-33　多花黄精出苗后要及时进行除草及施肥工作

（3）劈山除杂

9~10月份，多花黄精种子自然脱落后，人工或机械清理林下杂草和灌木（图6-34），平铺于林地中，控制来年的林下植被盖度、高度（图6-35），减少林下植被环境和资源竞争，促进多花黄精生长和种子萌发。

图6-34　多花黄精休眠期要进行劈山除杂工作

图6-35　多花黄精生长期间要做好除杂和覆盖工作

（4）浇水排涝

多花黄精喜湿怕干，要经常保持林下润湿，但梅雨季节要做好排水（图6-36和图6-37），防止栽培地块积水，造成黄精根茎腐烂。

夏季间隔1~2月各追肥1~2次"哈维果+顺发宁+绿亨9号"，使地下块茎充分膨大，同时防治叶斑、黑斑、根腐、茎腐等病害及虫害，如蛴螬、地老虎等的发生。植株枯萎后，撒施土杂肥。

多花黄精施肥应以有机肥为主，不施化肥或复合肥。基肥主要施厩肥、堆肥、饼肥等，定植前每亩施腐熟饼肥200kg、厩肥3000kg、堆肥1500kg及骨粉肥，可根据生长情况勤施、薄施，一般采用腐熟人粪尿或动物粪尿兑水浇施。有些农村实施了沼气工程，可变废为宝，施沼渣液肥。施肥时要求氮、磷、钾配比适当，做到适时、合理、高效。

图6-36　多花黄精田间开深沟排水防涝

图6-37　多花黄精林下喷灌系统

（5）科学追肥

施肥营养管理：黄精是喜肥作物，除底肥外，一年需要施肥5次左右。第一次在黄精"出苗生长期"，每亩用"矿源黄腐酸钾1kg+平衡性水溶肥5kg"浇灌；第二次在"展叶期"，每亩用"平衡性水溶肥5kg+矿源黄腐酸钾1~2kg"兑水浇灌；第三次在"开花、果实期"，每亩用高"钾型水溶肥5kg+矿源黄腐酸钾1~2kg"兑水浇灌；第四次在"秋发期"，每亩追施复合肥（15∶15∶15）25~30kg和有机肥40~50kg，两种肥料混合沟施于行间，覆土盖肥；第五次在"越冬期"，每亩用"高钾型水溶肥5kg+矿源黄腐酸钾1~2kg"兑水浇灌（图6-38）。

图6-38　多花黄精生长期需要施用矿源腐植酸钾效应

（6）打顶疏花摘蕾

5月至7月份花期植株长势旺盛要及时摘打顶及疏除花蕾（图6-39）。打顶可以控制株高，疏花、摘蕾减少营养消耗，这是提高多花黄精根茎产量的重要技术措施。多花黄精以根状茎为食用、药用主体，开花结果使得营养生长转向生殖生长，漫长的生殖生长阶段将耗费大量营养。因此，以地下根状茎为收获目标的多花黄精，在花蕾形成前期要及时将摘除果实，以阻断养分向生殖器官聚集，促使养分向地下根茎积累，促进新茎生长粗大肥厚。不留种的地块一般在5月初即可将多花黄精花蕾全部剪掉。

图6-39 多花黄精开花期可打顶、摘蕾、疏花

（7）越冬管理

11月中下旬倒苗后，施一次越冬肥，每亩施农家肥1.5~2t或者商品有机肥200kg，并施钙镁磷肥50kg。越冬肥是将肥料均匀施于垄面后顺垄培土（图6-40至图6-42）。同时，冬季清园是防治病虫的一项重要工作。

图6-40　多花黄精冬季清园工作很重要

图6-41　多花黄精冬季施用腐熟有机肥

图6-42　多花黄精重茬地每年冬季要施生石灰

（8）主要病害与防治

多花黄精病虫害普遍存在，随着种植年限的增加，有趋于严重态势。常见病害主要有叶枯病、叶斑病、黑斑病、茎腐病、根腐病、炭疽病等，其中较严重病害是叶斑病、炭疽病和根腐病。

## 二、多花黄精病虫害与防治策略

常见害虫有蛴螬、地老虎、二斑叶螨、斑腿蝗、蛞蝓、稻株缘蝽等。绝大部分多花黄精种植基地严重缺乏管理人才，特别是病虫害防治专业人员。

植株出现病虫害常常不能准确判定，往往盲目用药，导致病虫害的防治效果较差。总体来说，多花黄精病虫害仍处在被动防治阶段。出现了病症和虫害，依据经验开展广谱性防治，不能够把握防治的最佳时期，并且不能够明确病虫害防治标准及发生规律，使得防治成效和质量不佳。

## （一）多花黄精常见病害与防治措施

### 1. 叶枯病

（1）发生与危害

叶枯病是由尖孢镰刀菌（*Fusarium oxysporum*）引起的一种病害（图6-43），该病一般于4月初植株展叶至倒苗均有发生。起初在叶部形成椭圆形或不规则的水浸状病斑，叶片边缘变黄褐色，后不断扩大，最终整个叶片枯死。随着多花黄精的生长，病害呈逐步加重的趋势，在结实期达到发病高峰期。经调查发现，在高温高湿大棚培育的多花黄精幼苗期亦会发生。

（2）防治措施

根据病原的侵染规律，及时喷药保护，减少初次侵染的病原及消灭媒介昆虫等，适当结合栽培措施和化学防治。常用的药剂有波尔多液、代森锌、退菌特、百菌清、托布津、多菌灵等。冬季，植株倒苗后要及时清洁田园。

图6-43  多花黄精叶枯病

### 2.叶斑病

（1）发生与危害

叶斑病是由一种交链孢菌（*Alternaria* sp.）引起的真菌性病害（图6-44），主要为害叶片。高温高湿是叶斑病发生的主要原因，一般多发于夏秋两季，6~7月雨季往往发病较严重，8~9月为发病盛期。一般于6月初由基部开始，叶片开始褪色斑点，随着褪色面积增大，病斑也逐渐扩大，出现椭圆形或不规则的病斑。病斑中间为淡白，边缘为褐色，与未发病组织的接触处还有黄晕。病情严重时，多个病斑接合引起叶枯死，并可逐渐向上蔓延，最后全株叶片枯死脱落。

（2）防治措施

①农业防治：收获后清洁田园，将枯枝病残体集中烧毁，消灭越冬病原。

图6-44　多花黄精叶斑病

②生物防治：临发病前开始预防性控害，可喷施速净（黄芪多糖、黄芩素≥2.3%）30~50mL+沃丰素［植物活性苷肽≥3%，壳聚糖≥3%，氨基酸、中微量元素≥10%（锌≥6%、硼≥4%、铁≥3%、钙≥5%）］25mL+80%大蒜油15mL兑水15kg，定期喷雾，连喷2遍，间隔5天左右，其中大蒜油苗期使用量可减半至5~7mL。

③科学用药防治：发病初期喷10%苯醚甲环唑水分散颗粒剂1000倍液。视病情把握用药次数，一般隔7~10d喷1次。

**3. 黑斑病**

（1）发生与危害

黑斑病病原菌为链格孢属，属半知菌亚门、丝孢目。它是一种真菌性病害（图6-45），主要危害叶片，它的病原可在土壤和病残体上越冬，待气温回升时侵入感染。5月底该病开始在老植株叶上发生，7月初在新生植株上出现，7~8月该病发生较严重。在发病初期，叶尖部位开始出现黄褐色的不规则病斑，病斑边缘为紫红色，随着病情发展，病斑不断蔓延扩散，最后整个叶片枯萎，病情在阴雨季节更为严重。该病也危害果实，在幼果上形成褐色圆形病斑。病原可在土壤和病残体上越冬，待气温回升时侵入感染。

图6-45　多花黄精黑斑病

（2）防治措施

在越冬时清理田间，将土壤深翻消毒，减少病原。发病可采用1:100波尔多液喷施，7~10d 1次，连续3次。发病初期可用50%退菌特1000倍液喷洒，每周1次，连续2~3次。

### 4. 根腐病

（1）发生与危害

浙江黄精根腐病的主要分离菌为尖孢镰刀菌，该菌常引发作物根腐病害（图6-46）。多花黄精根腐病的病原菌，鉴定为尖孢镰刀菌和腐皮镰刀菌（*Fusarium solani*）。

（2）防治措施

根腐病一般是在田间湿度大、积水、土壤板结、覆盖太厚等条件下的多发病，在保证这些条件良好的情况下，可在发病初期用中药材腐烂净、生根盘根壮苗剂等兑水进行喷雾、冲施、滴灌，严重时需要灌根，每隔2~3d喷施1次，连续2~3次。

图6-46　多花黄精根腐病

**5. 炭疽病**

（1）发生与危害

多花黄精炭疽病是由刺盘孢属真菌（*Colletotrichum* sp.）引起的一种病害（图6-47），叶片染病后，叶面出现圆形、半圆形或长形病斑，病斑中心浅褐色，边缘红褐色，后期病斑上着生黑色小粒点；随着多花黄精的生长，病害呈逐步加重的趋势，在结实期达到发病高峰期。

（2）防控措施

未发病或者发病初期，可采用多菌灵或退菌特可湿性粉剂1000倍液喷雾，7~10d喷1次，连续2~3次。桑维钧等（2006）对黄精炭疽病防治措施的研究发现，64%恶霜·锰锌可湿性粉剂和75%代森猛锌可湿性粉剂对炭疽病菌的抑菌率可达到100%，90%三乙膦酸铝可湿性粉剂的抑菌率在85%以上。

图6-47　多花黄精炭疽病

**6.锈病**

（1）发生与危害

黄精种植于板栗、锥栗林下，有可能会被传染而发生锈病危害（图6-48），一般在6月中下旬开始发病，8~9月为发病盛期。初期叶片散生淡黄绿色小点，最后枯黄至暗褐色，植株死亡。

（2）防治措施

首先，保持田园卫生，在地上植株枯萎后，要及时彻底清理，将杂草和病毒清除，集中深埋或烧掉。其次，摘除病叶，发病初期及时摘除病叶可控制该病蔓延。最后，在黄精枯萎后出苗前各喷洒一次多菌灵500倍液、粉锈宁2000倍液进行土壤消毒。在黄精展叶后喷洒粉锈宁1000倍液，防治效果在95%以上。

图6-48  多花黄精锈病

#### 7.茎腐病

（1）发生与危害

黄精茎腐病病原菌也是镰孢属真菌，属半知菌亚门、丝孢纲、瘤座菌目（图6-49）。受害植株由下部叶片逐渐扩展，呈现青枯症状，似开水烫过，最后全株呈现，茎基部变软，内部空松，可轻易拔起，雨后较为多见。

（2）防治措施

茎腐病防治与根腐病类似，在保证田间湿度、适度覆盖等条件下，可在发病初期用中药材腐烂净、生根盘根壮苗剂等兑水进行喷雾、滴灌，每隔2~3d喷施1次，连续2~3次。

图6-49　多花黄精茎腐病

### （二）多花黄精主要虫害发生与防治措施

#### 1. 地下害虫

（1）发生与危害

蛴螬幼虫（图 6-50）、小地老虎等（图 6-51），属鞘翅目、金龟甲科，可危害黄精根部，咬断苗根，使种苗枯萎死亡。每年 5 月底至 6 月中旬比较严重。

（2）防治方法

①农业防治

预防为主，综合防治，以生物、物理防治为主，化学防治为辅。使用农药应符合 GB 8321 的有关规定，优先选用高效低毒生物农药，尽量减少使用化学农药，不得使用禁限用农药。不施未腐熟的有机肥料；精耕细作，及时镇压土壤，清除田间杂草。发生严重的地区，秋冬翻地可把越冬幼虫翻到地表使其风干、冻死或被天敌捕食，机械杀伤，防效明显；同时，应防止使用未腐熟有机肥料，以防止招引成虫来产卵。

②药剂处理

（a）种子处理：种子处理方法简便，用药量低，对环境安全，是保护种子和幼苗免遭地下害虫危害的理想方法。种子处理常用的药剂有 50% 辛硫乳油，用药量为种子重量的 0.1%~0.2%，播种时先用种子重量的 5%~10% 的水将药剂稀释，用喷雾器均匀喷拌于种子上，堆闷 6~12h，使药液充分渗透到种子内即可播种，应严格控制药量，以免药剂烧伤种子，影响出苗率。

（b）土壤处理：结合播种前整地，用药剂处理土壤。

常用方法有：将药剂拌成毒土均匀撒施或喷施于地面，然后浅锄或犁入土中；撒施颗粒剂；将药剂与肥料混合施入；沟施或穴施，应选用一些高效、低残留类杀虫剂。

（c）毒饵诱杀：姜饵诱杀是防治蝼蛄和蟋蟀的理想方法之一。

图6-50　蛴螬幼虫

图6-51　地老虎幼虫

（d）喷淋根部：用"辛硫·高氯氟或甲氰·辛硫磷等+嘉美红利800倍液"喷洒淋根灌根防治，对多种食叶害虫均有较好防治效果。

③生物防治

生物防治法就是利用有益生物或生物的代谢产物来防治农林虫害的方法。

④物理防治

蝼蛄、多种金龟甲、沟叩头甲雄虫等具有较强的趋光性，利用黑光灯进行诱杀效果显著，试验表明黑绿单管双光灯诱杀效果更理想。

⑤其他防治措施

人工捕捉：金龟甲晚上取食树叶时，振动树干，将假死坠地的成虫拣拾杀死，对蛴螬、金针虫也可采取犁后拾虫的方法消灭。挖窝毁卵、消灭蝼蛄，蝼蛄产卵盛期结合夏锄，发现蝼蛄卵窝，深挖毁掉。

毒饵诱杀：每亩地用"杀地通"150~200g拌谷子等饵料5kg，撒于种沟中，亦可收到良好防治效果。

**2.叶螨类害虫**

（1）发生与危害

二斑叶螨危害黄精植株地上部分。在植株中上部的叶片及嫩梢处群集，集中在叶背主脉两侧繁殖并出现许多细小失绿斑点，受害叶片由初期的绿色渐变为灰白色、黄褐色至红褐色，变硬变脆，最后枯焦脱落。6月中旬至8月是全年发生高峰期（图6-52）。

初产卵

成螨

卵

第二若螨

幼螨

第一若螨

图6-52　二斑叶螨的生活史

（2）防控措施

在防治害虫时勿伤天敌，深点食螨瓢虫、束管食螨瓢虫、异色瓢虫、大草蛉、小草蛉等都是二斑叶螨天敌，它们对控制害虫种群数量起到积极作用。张欣等（2012）研究发现，大草蛉雌成虫作为一种捕食性天敌，对黄精上的二斑叶螨具有一定的控害潜能。

虫害发生时，可使用10%苯丁哒螨灵乳油1000倍液喷雾防治，连续2次，间隔7~10d。孙世伟等（2009）研究表明，1.8%阿维菌素EC对二斑叶螨的杀灭效果最好，15%哒螨灵EC次之。15%扫螨净EC3000倍液药后10d内校正防效在88.4%~92.0%之间，对二斑叶螨也有较好的防治效果。红蜘蛛又叫短须螨，发生与防控措施类同。

**3. 蚜虫**

（1）发生与危害

黄精蚜虫种类主要有桃蚜、棉蚜等。蚜虫多群聚于嫩叶、嫩梢，吸食嫩处黄精使叶色褪绿，叶片卷曲，植株生长衰弱。一般4月中上旬，黄精新芽出土展叶就会发生蚜虫害，随着嫩枝、嫩叶增多，危害加重。由于瓢虫类、蜘蛛类等天敌存在，5~6月蚜虫害高峰出现后会有所稳定（图6-53）。

图6-53　蚜虫

（2）防控措施

与二斑叶螨类似，在防治害虫时勿伤天敌。提前监测预防，每亩悬挂10~20张黄板用于监测，40~60张黄板用于防治。发生虫害时，也可用啶虫脒稀释2000~3000倍 或 吡虫啉稀释2000~4000倍防治，效果较好。

### （三）多花黄精病虫害防治策略总结

长期以来，黄精药材主要以野生采集为主，随着黄精规模化种植，日益严重的黄精病虫害严重影响其产量、质量和安全性，已成为黄精产业发展的重要障碍。

为减少栽培黄精因病虫危害造成的损失，提高产量和质量，一定要落实好"预防为主、综合防治"的总体原则。黄精病害一旦发生很难控制，重点还是依靠优良品种与农业防治。

尽量保持田间的生态平衡，优先使用生物防治和人工捕杀或摘除、灯光诱杀、黄蓝板诱杀等物理防治方法，必要时采用高效、低毒的相对安全生物农药进行防治，真正做到合理和安全使用农药，保证黄精的质量安全。

**1. 种植前防治策略**

首先，选择土壤肥沃深厚、结构疏松、排灌水便利的种植地，深耕细作和土壤消毒(一般用草木灰）改变土壤的环境条件并直接减少在土中越冬的病虫害基数。

黄精忌连作，林下种植宜选择上层透光性充足的新开垦荒地；前作为黄精、玉竹、重楼、白术等药材地不宜种植；郁闭度过高的林地也不宜种植。

大田种植宜选择作为禾本科作物的地块。充分调研种苗采购地或者育苗基地生态环境与病虫害发生情况，研判并保证种苗健康品质，以防种苗携带病虫害进入生产基地。

其次，选择3~4年生无病虫害、无损伤、芽头完好的种子苗或带芽2节以上、长度6~10cm的根茎苗种植，尽量选择抗病虫害的品种，提高对病虫害抵御能力。栽培时，根据黄精的生物学特性和生长发育特点，选用科学的栽培方式，比如合理间作和套作。

**2. 发生时防治策略**

不同地区病虫害发生情况不尽相同，往往多种病原菌共同作用致使植株发生病害，有时同一种病原菌致病表象也有差异。因此，首先，每月需对生产基地进行一次普查，掌握病虫害发生动态，早期发现，做好防治的物质准备。其次是在病虫害可能发生的时间里，密切注意气候状况，做好防治预案。最后在防治害虫时勿伤天敌，尽量先使用黄板、糖醋液等方式防治，必要时进行化学防治。

**3. 常态管护策略**

切实加强田间管理。清洁田地能携带病虫的枯枝烂叶、杂草等，可大大减少虫源病源，降低病虫再发生的基数。合理施肥灌溉、适时覆盖、喷洒高效无毒抗菌剂等可提高植株的抵抗病虫能力。黄精育苗可适时移栽，有利于植株生长发育，可避开病虫的高峰危害期。

## 三、黄精的采收与初加工

### （一）采收

根茎种植三年，种子苗种植四年即可收获，栽培年限过长会导致根茎衰败、品质下降。一般秋末春初萌芽前均可收获，以秋末、冬初采收的根茎肥壮而饱满，质量最佳；浙江省一般选择在多花黄精根茎多糖含量最高的11~12月份采挖，这时黄精的折干率也最佳。

黄精采收应选择无雨、无霜冻的晴天进行，按照栽种方向采用二齿锄逐行带土挖出根茎，抖掉泥土，去掉残存茎叶、烂根，用塑料筐装运至初加工场地。

## （二）加工

黄精加工前先用高压水枪冲根茎上的泥沙，大块的黄精根茎可酌情分为2~3段，然后用滚动冲洗机洗净根茎，除去须根、烂疤。黄精的初加工是指黄精干品的制作。

①生晒：先将根茎放在阳光下晒3~4d，至外表变软、有黏液渗出时，轻轻撞去根毛。结合晾晒，由白变黄时用手揉搓根茎，头一、二、三遍时手劲要轻，以后则1次比1次加重，直至体内无硬心、质坚实、半透明为止，最后再晒干透，1次装袋。

②蒸煮：将鲜黄精根茎用蒸笼蒸透(蒸10~20min)，以无硬心为标准，取出边晒边揉，反复几次，揉至软而透明，以透心呈油润状时取出晒干或烘干再晒干即可；或把洗净的根茎放入沸水中煮10min后捞出晒干或50℃烘干，以蒸法为佳，晒干时要边晒边揉，直至全干，使水分降到15%以下，成为黄精干。

### 栽植黄精口诀

机械能到地，林中半边天。树以阔叶强，土要疏松肥。
早秋即整地，起垄耙平细。基肥不怕多，只要充分熟。
秋冬栽根茎，带芽二三节。距离二三十，亩栽五六千，
种茎粗为好，壮根出壮苗。浅沟摆芽放，薄土烂草覆，
防草防旱涝，清沟培土肥。花芽可当菜，种子还能卖。
管它三五载，丰收乐开怀。

## （三）包装储运

包装需遵守SB/T 11182的规定。包装后的黄精应置于室内干燥、阴凉的库房中储藏，并防潮。运输工具或容器应具有较好的通气性，以保持干燥，不得与其他有毒、有害物质混装。

## 四、黄精分级蒸晒技术

九蒸九晒，古书中又称九蒸九曝或九制，始创于中国古代，发扬于近现代，常用于黄精、黑芝麻等中药材的炮制。其炮制工艺历经"生用→单蒸→重蒸→九蒸九晒"的演变，可达到降低毒性、增强疗效、改变归经、利于贮存、消灭病菌等目的。黄精经九蒸九晒炮制后化学成分和药性药效均发生显著变化，从而广泛应用于医药品、保健品、食品等领域。

### （一）九蒸九晒——黄精炮制古法

药物皆有偏性，而炮制能改变药物的升降沉浮趋向，一般有根升梢降、生升熟降之说。黄精必须通过炮制除去其刺激性等不良反应，才能单服。从古至今，黄精的炮制方法有很多，如清蒸酒蒸、九蒸九晒、黑豆制等，其中以"九蒸九晒"这一反复蒸晒的炮制方法，使用最为广泛、历史最为悠久（图6-54至图6-56）。

图6-54　浙江禾田兴生物科技有限公司天台黄精的古法炮制

图6-55　杭州临安民丰山茱萸专业合作社山茱萸林下黄精的古法泡制

图6-56　多花黄精九蒸九晒

黄精的炮制始于南朝刘宋时期，在《雷公炮炙论》中云："凡采得，以溪水洗净后蒸，从巳至子，刀切薄片暴干用。"《食疗本草》在分析前人炮制方法的基础上，首次提出黄精九蒸九曝（晒）法，其书云："饵黄精……其法：可取瓮子，去底，釜上安置，令得所盛黄精，令满，密盖，蒸之，令汽溜，即曝之第一遍，蒸之亦如此，九蒸九曝，蒸之。"由此，黄精的九蒸九晒炮制工艺初步形成。

生黄精具有刺激咽喉等不良反应，《食疗本草》有载："若生则刺人咽喉，曝使干，不尔朽坏。"《本草图经》则对蒸制程度进行了描述："汁尽色黑，当光黑如漆，味甘如饴糖。"由此可见，古人认为黄精九蒸可以达到汁尽色黑、转苦为甘、寒性变平的效果，使其不会像生品那样刺激喉咙；另一方面是为了方便保存，防止其霉烂变质。

现代研究表明，九蒸九晒的作用机制包括减毒和增效两个方面。生黄精中含有较多的黏液质，在一定程度上会刺激咽喉，通过反复的蒸晒，黏液质会发生分解，消除生黄精的刺激性和不良反应，达到减毒目的。这印证了传统医学认为黄精需要炮制才能入药的道理。

另一方面，黄精九蒸九晒后，药性会发生改变，有效成分累积，可补脾润肺、温补肾阳，增强黄精的药效。有研究发现九晒早期会启动黄精的抗干旱胁迫机制，促进其次生代谢产物（黄酮类、苷类等）的合成，提高其有效物质的含量，多糖逐渐分解成人体易于吸收的小分子糖类，达到增效目的。

## （二）九蒸九晒黄精化学成分的变化

黄精作为临床常用的中药材之一，研究人员对其进行了大量研究，发现炮制后其成分有一定的变化，并伴有新物质产生。

### 1. 5-羟甲基糠醛

5-羟甲基糠醛普遍存在大多数中药（黄精、地黄、当归、玄参等）及其炮制品，可将其作为黄精质量的专属性控制指标。黄精九蒸九晒炮制过程中，随着蒸晒次数的增加，5-羟甲基糠醛含量会逐渐升高。对黄精炮制前后5-羟甲基糠醛含量变化进行实验分析，发现5-羟甲基糠醛经炮制后其含量显著增加，并且推测，九制黄精能增强免疫，或与5-羟甲基糠醛含量变化相关。

**2. 皂苷类**

黄精中含有80多种皂苷类化合物，主要以薯蓣皂苷元为主。研究表明，炮制后黄精中，薯蓣皂苷元含量一般会增加。薯蓣皂苷经炮制后会转化成延龄草苷和薯蓣皂苷元，导致薯蓣皂苷元含量增加，不同炮制方法所得薯蓣皂苷元含量不同。

## 五、实例：池州市九九晒食品集团有限公司的黄精制作技术介绍

2022年12月15日，安徽省质量管理协会发布了《黄精分级蒸晒技术规程》，规定了黄精分级蒸晒的加工场所、设备设施、作业人员、原料、加工工艺、污染控制。

### （一）前期准备

#### 1. 加工场所选址

加工场所的选址、大气环境、建筑、温湿度应符合 GB 14881 的相关规定。池州适四时农业有限公司初加工厂，都坐落于群山之间，周围方圆100公里无任何化工污染，生态环境良好，水质极佳，适合黄精的加工、制作，保证了产品的原生态绿色无污染。

根据工艺要求合理划分清洗区、蒸煮区、摊晾区等功能区，并与生活区有效分隔。加工场所内要求清洁、卫生，光线、通风良好，无积水、裸露废弃物或者其他与生产无关的杂物。

#### 2. 初加工

对黄精的第一次加工，可按如下口诀进行："一挑二摩三晒四洗"。

（1）一挑（图6-57和图6-58）

黄精原料应符合《中华人民共和国药典》（2020年版）的规定，并挑选优质8年以上黄精，秋季适时采收、分批采挖，以表面泛黄、断面呈乳白或淡棕色、根茎饱满、肥厚、弹性足为佳。

图6-57　黄精加工时块茎处理

图6-58　黄精加工时剪去块茎的嫩芽头

（2）二摩（图6-59和图6-60）

清洗已剔除嫩芽头的新鲜黄精，并采用专用工具修剪经过清洗的新鲜黄精根须，同时，必须将黄精表皮进行搓摩，使黄精表皮光滑、果质富有弹性、黄精多糖成分更好地凝结。

图6-59　清洗干净后挑选饱满、肥厚、弹性足黄精块茎

图6-60　对杀青后的黄精块茎进行搓摩，使黄精表皮光滑

（3）三晒（图6-61）

将经过洗摩后的新鲜黄精置于80~90℃的专业容器内进行杀青，6~8min，杀青后的黄精先进行晒制，但这一次晒制并不是九蒸九晒里的九晒之一，在九蒸九晒前额外添加的这道晒制工序，可以让黄精更好地糖化，天气晴好晒20d左右，反之则要晒制30~40d，直至黄精整根呈八分干、表皮不皱，最大程度保留黄精多糖。

图6-61 杀青后的黄精先进行晒制,但这一次晒制并不是九蒸九晒里的九晒之一

（4）四洗（图6-62）

如果说给黄精做按摩的时候是清洗，那么这一次则是精洗。黄精是生长在土里的本草根茎，结节处和纹理里面易藏污纳垢，需按纹路剪开顺着纹路仔细精心冲洗，确保黄精无泥沙。

图6-62 第一次精洗后的黄精块茎

## （二）九蒸九晒黄精的分级蒸晒工艺

黄精分级蒸晒工艺流程如图6-63所示。

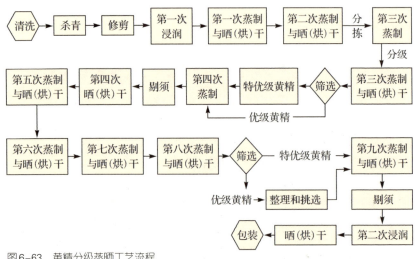

图6-63　黄精分级蒸晒工艺流程

### 1. 柴火及蒸箱选择

蒸，通常指隔水用蒸汽蒸煮药材。使用纯净的山泉水蒸煮，以采阴气。而晒，则是将已经蒸透的药材取出摊晒，利用阳光以采阳气。《本草纲目》记载："凡修事以水淘去浮者，晒干。"经九蒸九晒循环处理制得的药材，往往因结合了阴阳二气，其药性和功效都要比生药材更甚，药性也会被纠偏，变得更加温和，易被人体接受。

柴火：就地取材，力求环保。蒸制时为了更好地还原古法，激发黄精的药性，在柴火选择上我们就地取材，捡山上的枯木枝作为原料，考虑到普通柴火燃烧会产生烟雾污染环境，可将枯木粉碎、高压压缩成生物料，再进行燃烧，这样既保护了环境，也最大程度还原古法。

山泉水：采集天然无污染山泉水（图6-64）。在产区选址的时候就要考虑到引用天然水，加工厂周围要求生态良好，有从山上自流而下的山泉水，黄精从清洗到九蒸，一直采用山泉水，确保了产品的绿色无污染。

木质蒸箱：坚持古法、秉承初心（图6-65）。

高压锅蒸制虽快速方便，但持续高压蒸制的环境会导致营养成分的流失，蒸制出来的黄精没油性且会出现空心。用木箱虽费时费力，但木箱里水汽可流通，能使内部环境一直保持恒温恒压状态，这样的制法温和，可以让黄精的药性成分慢慢转化，锁住黄精的营养成分，不造成流失。

图6-64 黄精从清洗到九蒸，一直采用山泉水

图6-65 基于传统蒸制工艺基础改进的黄精蒸箱及厂间设置

蒸制，对时间和火候要求极高。火小了黄精蒸不熟，火大了养分会流失，而蒸晒的时长则决定着黄精最后的品质（图6-66和图6-67）。

图6-66　遵循古法、创新工艺的黄精蒸制工艺

图6-67　九蒸九晒各次黄精形态特征变化

**2. 黄精的九次分级蒸晒工艺**

（1）第一次浸润

将初加工后黄精浸置于20~30℃水中，约120min，待表层润透、触摸有弹性即可。

（2）第一次蒸制与晒（烘）干

采用专用蒸具先蒸制120min，再焖120min，达到透心、外观呈油润状时，自然摊晾或在70~80℃烘房中干燥至七成干（图6-68）。

（3）第二次蒸制与晒（烘）干

先蒸制60min，再焖60min，达到透心、外观呈油润状时，自然摊晾或在70~80℃烘房中干燥至七成干（图6-69）。

◎分拣　采用人工或分拣设备进行分拣、剔除发黑次品，分拣过程应戴专用手套、注意轻拿轻放。未经分拣的黄精不应入后续加工环节。

图6-68　第一次蒸制的黄精块茎

图6-69　第二次蒸制的黄精块茎

（4）第三次蒸制与晒（烘）干

先蒸制60min，再焖60min，达到透心、外观呈油润状即可（图6-70）。

◎分级　根据黄精表面色泽、质量等指标对经过第三次蒸制的黄精进行分级，外观红彤肥润为特优级，其余为优级。

分级后将黄精自然摊晾或在70~80℃烘房中干燥至七成干。

（5）第四次蒸制与晒（烘）干

蒸制：特优级先蒸制40min，再焖40min，达到透心、外观呈油润状即可；优级先蒸制60min，再焖60min，达到透心、外观呈油润状即可（图6-71）。

剔须：采用专用工具剔除经过第四次蒸制的黄精根须、表面的蒸皮，并在专用清洗池中将黄精洗净。

图6-70　第三次蒸制的黄精块茎

图6-71　第四次蒸制的黄精块茎,黄精现红铜色,味甜,食之滋腻,多糖成分没有完全转化

烘干：特优级黄精自然摊晾或在70~80℃烘房中干燥至七成干；优级黄精自然摊晾或在70~80℃烘房中干燥至八成干。

（6）第五次蒸制与晒（烘）干

蒸制：特优级先蒸制40min，再焖40min，达到透心、外观呈油润状时，自然摊晾或在70~80℃烘房中干燥至七成干；优级先蒸制40min，再焖40min，达到透心、外观呈油润状时，自然摊晾或在70~80℃烘房中干燥至八成干（图6-72）。

图6-72　第五次蒸制的黄精块茎

重复第五次蒸制与晒（烘）干操作方法，进行第六、七、八次蒸制与晒（烘）干。

整理与挑选：对优级黄精进行整理与挑选，剔除色泽发黄、形状干瘪的黄精。分拣过程应戴专用手套，注意轻拿轻放。

（7）第九次蒸制与晒（烘）干

特优级先蒸制30min，再焖30min，达到透心、外观呈油润状时，自然摊晾或在70~80℃烘房中干燥至七成干；优级先蒸制30min，再焖30min，达到透心、外观呈油润状时，自然摊晾或在70~80℃烘房中干燥至八成干（图6-73至图6-75）。

蒸到第9次，黄精有焦糖味，味酸甜，此时黄精的糖分都转化成了多糖，易于人体吸收，方才有补肾、降血压、促进胰岛素活性等功效。

图6-73　第9次蒸制的黄精块茎

图6-74　第9次蒸制的黄精块茎
　　　　进行第二次浸润

图6-75　九蒸九制的黄精成品

### （三）晒制后的处理

剔除及第二次浸润：经第九次蒸制与晒（烘）干的黄精再进行剔须，并置于黄精液中浸润40min。

晒（烘）干：将经过第二次浸润的黄精蒸制30min，再焖30min，达到透心、外观呈油润状时，自然摊晾或在70~80℃烘房中干燥至八成干。

根据九蒸九晒后的黄精品相进行再挑选，选择果肉饱满的黄精，进行去边角处理，用来做黄精果脯，口感较好。果质较老道扎实的，则用来做黄精茶，耐冲泡；这种因材制宜的再挑选，确保最后成型的产品在各方面达到最优。

在包装上，可根据产品不同的特性进行区分。

黄精果：为了锁住其软糯劲道的口感，采用真空小袋密封包装。

黄精丸：为了裹住醇香以及方便固形，用金色锡纸包裹后再加一层塑料外封（图6-76）。

图6-76　黄精芝麻丸生产车间

黄精茶：采用小袋包装，便于携带，冲泡也方便。

之后统一装入特制环保袋，环保袋使用可降解材料制作，绿色安全。

九蒸九晒工艺是古人智慧的结晶，此工艺实现了九制黄精的减毒（分解黏液质，消除其刺激性）、增效（提高部分有效物质的含量，使大分子物质分解成人体易于吸收的小分子物质）、归经（得蔓菁，养肝血；配杞子，补精气；加蜂蜜，主补脾等）、除菌（可消灭药材因贮存不当而产生的霉菌等）以及改良口感（香气浓郁，甘如饴，甜如蜜）和便于贮存（防止其腐败变质）等特质。

# 第七章　多花黄精抗连作栽培技术

## 一、多花黄精连作障碍的发生及危害

多花黄精连作重茬往往导致病虫害加剧发生，其中虫害主要有根结线虫和红蜘蛛。苗期病害以镰刀菌根腐病为主，发病率随连作年限成倍增加；花果期多发叶斑病，病株率近100%；黄化病、青霉病和锈病也随连作年限的延长日趋严重。连作对多花黄精生长的影响主要表现在植株生长发育缓慢、卷叶严重、根茎退化及根茎腐烂，且随着连作年限的延长症状日益加重（图7-1）。

### （一）何谓连作障碍①

狭义的连作是指在同一地块上连续种植同种作物（或同科作物），广义的连作是指感染同种病原菌或线虫的作物连续种植。

连作障碍（Continuous cropping obstacles）是指药用植物在正常的栽培管理条件下，仍会出现长势变弱、产量降低、品质下降、病虫害严重的现象。我国也称"重茬问题"，日本称之为"忌地"现象、连作障害或连作障碍，欧美国家称之为再植病害（Replant disease）或再植问题（Replant problem）。连作障碍现象在世界范围内普遍存在，

---

① 本章部分内容参考《菌世界》，特此说明。

中药材生产也面临着同样的困境（图7-2）。

图7-1 多花黄精发病叶片

图7-2 多花黄精根腐病与茎腐病同时发生

连作障碍分为生态失衡型、理化性质恶化型和复合型。生态失衡型主要表现为土壤微生物及动物的生态平衡被破坏，连作作物的土传病虫害明显加重（图7-3）；理化性质恶化型主要表现土壤理化性质恶化，连作作物生长发育异常；复合型是上述2种类型混合出现。

图7-3　多花黄精叶斑病

### （二）连作障碍对药用植物的危害

植物体是一个开放体系，与环境保持着动态的物质交换过程，其生长发育与土壤的水分、肥料、重金属、微生物、化感物质等因子密切相关（图7-4）。

对植物生长产生伤害的环境被称为"逆境"，又称"胁迫"，连作障碍无疑是药用植物生长发育的逆境，在这种逆境下，药用植物的植株形态、叶片的光合生理特性与活性氧代谢均受到抑制，叶片生理结构的变化直接导致药用植物光合能力下降，叶片黄化、萎蔫，严重时枯萎死亡，从而表现出明显的障碍效应。

连作障碍还会导致药用植物植株抗逆性下降，病虫害加重，尤其是根类药材，更易受土传病害的影响，轻则导致药材减产，重则导致大面积绝收。

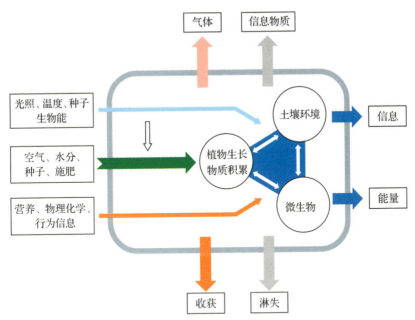

图7-4 植物体与环境保持着动态的物质交换过程

中药材的有效成分是药用植物新陈代谢，尤其是次生代谢产物，是植物体各种生理活动协调进行的结果，连作障碍影响了作物正常的生长代谢与有效成分的积累，导致药材品质严重下降。

## 二、多花黄精连作障碍形成机制

植物与土壤相互作用形成了一个以植物共生体系为中心、植物根际为界面的植物微生态系统。该系统的能量流动、信息流动、物质流动强烈但稳定，这种相互作用才使得药用植物可以获得水分、养分、能量正常生长（图7-5）。但在连作的条件下，系统的能量、信息、物质交换的平衡被打破，药用植物生长的土壤物理、化学和生物环境发生了明显变化，进而导致连作障碍。连作障碍的成因主要分为以下几个方面。

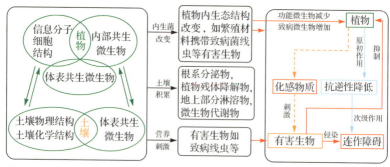

图7-5　多花黄精连作障碍形成机制

## （一）作物养分偏耗

不同的药用植物对矿质元素的需求是有特定规律的，长期种植同种药用植物，其根系分布区域相同，而该药用植物会大量特异性吸收土壤中一种或多种的矿质元素，对该种矿质元素的偏好性吸收，导致土壤养分元素失衡，部分营养元素匮乏或缺失，进而影响下茬植株的正常生长（图7-6）。

图7-6　多花黄精缺素引起的生理性病害

根类药材栽培中若施肥不当，常会出现土壤养分偏耗现象。由于作物对土壤养分吸收的选择性，单一茬口易使土壤中矿质元素的平衡状态遭到破坏，营养元素之间的拮抗作用常影响到作物对某些元素的吸收，容易出现缺素症状，最终使生育受阻，产量和品质下降。

## （二）土壤理化性质改变

药用植物在长期连作条件下，土壤有机无机复合体的铵离子含量增加，置换 $Ca^{2+}$、$Mg^{2+}$ 等，使得土壤胶体结构分散，土壤结构遭到破坏，土地发生板结，土壤中的 $CO_2$ 与有害气体在根际积累，达到一定浓度会引起根中毒，土壤的 $CO_2$、$O_2$ 浓度与团粒结构孔隙率无法满足药用植物，特别是根类药材的需求，影响了药用植物的正常生长发育。在片面地追求高产的诱惑下，大量施入高含量的化学肥料和未经腐熟的动物粪便、人粪尿等，导致土壤中盐分过量。因为这些盐分不能被充分淋溶，所以大量积聚在土壤耕层中，就产生了土壤次生盐渍化及酸化，从而降低了 pH 值，影响了土壤养分的有效性，引发生理性病害（图7-7）。

**长期大量不合理施用化学肥料！**

线虫大量发生　　　　　长青苔　　　　　　发红、发白

土壤酸化：
游离态氢离子($H^+$)含量高

次生盐渍化：
$NO_3^-$、$SO_4^{2-}$ 等盐分离子含量超标

图7-7　连作土壤酸化及次生盐渍化

### （三）化感作用

化感作用是指某种类型植物包括微生物通过产生化学物质并排放至环境中，而对其他植物的生长发育产生直接或间接的促进或抑制作用。其产生的物质称为化感物质。

化感物质发生作用必须经过适宜途径进入环境，其向环境释放途径为：①由植物地上部分（主要是叶）分泌，被雨水或雾滴溶解淋洗到土壤中；②通过植物根系分泌到土壤中；③残体腐解物；④地上部挥发物；⑤花粉。目前，国内外研究较多的是植物根系分泌物及根茬腐解物中的化感物质。

化感作用可分为化学他感和自毒他感两种。也就是说，一种作物产生的化感物质，既可以对其他作物产生影响，也可以对自身产生影响。

### （四）自毒作用

自毒作用，是化感作用的重要形式之一。当受体和供体同属于一种植物时产生抑制作用的现象，称为植物的自毒作用，即指植物根分泌和残茬降解物所释放出的次生代谢物，对自身或种内其他植物产生危害的一种现象。

不同连作年限的黄精根际土壤样品中，酚酸物质主要有圣羟基苯甲酸、香草酸、香豆酸和香豆素，其中香草酸和香豆素含量较高且变化规律性明显，香豆酸和对羟基苯甲酸含量较低，且变化没有规律。香草酸和香豆酸两种酚酸在土壤中的含量随连作年限的增加而上升，见表7-1。

表7-1 不同连作年限根际土壤中酚酸类种类及含量

| 连作年限 | 香草酸/($\mu g \cdot g_{\mp}^{-1}$) | 香豆素/($\mu g \cdot g_{\mp}^{-1}$) |
|---|---|---|
| 2 | $0.058 \pm 0.002$ | $0.019 \pm 0.001$ |
| 4 | $0.132 \pm 0.010$ | $0.021 \pm 0.001$ |
| 6 | $0.187 \pm 0.050$ | $0.025 \pm 0.001$ |
| 正茬 | $0.058 \pm 0.002$ | $0.008$ |

## （五）微生物种群结构变化

一般情况下，药用作物连作后土壤微生物活性降低，土壤微生物区系由高肥的"细菌型"向低肥的"真菌型"转化，在同一块地中连续种植某一种药用植物就会建立专化性真菌病原群体，使得土传病害加重，在药用植物栽培中表现较为严重的土传病害有根腐病、黑腐病、全蚀病、锈腐病、枯萎病等。研究发现，以根、根茎和鳞茎等地下部分入药的中药材连作极易发生土传病害，导致药用价值下降。由于连作，形成了特殊的土壤环境，使固氮菌、根瘤菌、光合菌、放线菌、硝化细菌、氨化细菌、菌根真菌等有益微生物的生长繁殖受到抑制，而有害微生物大量滋生，土壤的微生物区系发生变化。特别是保护地蔬菜和复种指数最高，一年四季不歇地，病虫害源不断积累，导致土传病害发生较重，而且发现很多新的病原菌导致的病害发生，形成了近年来的"用药不治病"的现象（表7-2）。

表7-2 多花黄精不同连作年限对根际和非根际土壤细菌数量的影响

| 连作年限 | 根际土壤细菌数/($CFU \cdot g^{-1}$) | 非根际土壤细菌数/($CFU \cdot g^{-1}$) |
|---|---|---|
| 2 | $3.17 \times 10^7$ | $3.13 \times 10^7$ |
| 4 | $2.93 \times 10^7$ | $2.17 \times 10^7$ |
| 6 | $1.63 \times 10^7$ | $1.18 \times 10^7$ |
| 正茬 | $6.80 \times 10^7$ | $3.90 \times 10^7$ |

连作年限的增加，土壤菌量的减幅愈加明显，连作6年时，根际细菌数量仅为$1.63 \times 10^7$CFU/g，比正茬减少了76%。

### （六）线虫

线虫是作物寄生虫，主要破坏作物的根系，影响作物的正常生长。连作会引起线虫的大发生，如大姜，连作几年后，就会因为线虫而引起严重的姜癞病（图7-8）。

图7-8　线虫引起的姜癞病

## 三、连作障碍的调控措施及土壤改良通用技术

### （一）药用植物连作障碍的调控措施

#### 1. 选育抗病品种

不同药用植物对连作障碍的耐受程度不同，同一品种内单株之间对病害的抗性也有差异。抗性品种受病害或其他逆境的危害较非抗性品种轻，而且这种抗性是可遗传的生物学特性。因此，可以利用植物

的抗性特征，选育抗病害、抗重茬的优质高产品种。以优良种源作为研究对象，探究药用植物耐连作的分子机制，则可以通过品系繁育和定向培育技术，不断强化抗连作、抗病害的优良性状，从而从种源上解决连作障碍问题（图7-9）。此外，品种选育能够促进药用植物的进化，对生产实际有重要意义，但采用该方法较困难。

图7-9　临岐筛选出抗逆性强的多花黄精种源

### 2.建立合理的耕作制度

许多研究表明，农业生态系统内部功能可以通过系统内部动植物和微生物栽培多样性水平来调节，可利用农业生物多样性来改善土壤、抑制病虫害暴发。同一作物不同品种或不同作物间进行混作或者间作，可以使寄主和有害生物多样化，任何一种有害生物都不能达到大规模流行，从而有效控制病虫害，同时多种作物栽培所产生的多样性根系分泌物可修复由单一化种植导致的微生物群落结构破坏和恶化的根际生态系统。轮作、间作、套作是避免连作障碍发生的传统而有效的农业种植模式，可以有效提高农业生态系统多样性、改善植物对养分的吸收平衡、稳定土壤微生物的生态环境。通过建立合理的间作、套作、轮作制度（图7-10），可以修复土壤微生物失衡和不健康的土壤环境，是一种有效控制连作障碍的新策略。

图7-10　选择多花黄精适宜的生境条件下再进行间作与套作

### 3. 土壤灭菌

药用植物连作后，土壤中存在大量病原性细菌、真菌和病毒等有害微生物。土壤灭菌就是通过一定技术手段阻止病原微生物进一步繁殖，或者直接将其杀死，从而达到缓解连作障碍的目的。化学方法主要采用甲醛、氯化苦、硫磺粉等消毒剂进行熏蒸，或者通过施入多菌灵、棉龙、1，3-二氯丙烯、黄腐酸钾、甲基碘、异硫氰酸甲酯、异硫氰酸烯丙酯、环氧丙烷、威百亩、二氧化硫、叠氮化钠、硫酰氟、石灰氮等土壤消毒剂。对连作土壤进行氯化熏蒸处理可显著提高种苗存活率、株高和鲜重，既可改善其根际微环境又能保证药材质量，是防治药材连作障碍的较好方法。该方法在实际应用中受到成本、可操作性等因素的影响，因此推广受到一定限制，还有待进一步研究和改良。物理方法主要有高温闷棚、蒸汽消毒、太阳能消毒和深翻土壤等。土壤热处理可以抑制连作土壤中的有害微生物而缓解连作障碍，提高了药材的产量。物理方法相比化学方法不会污染环境，更加绿色环保。

**4. 施用微生物菌肥**

微生物菌肥是指以致病因子为靶标筛选高效促生防病抗逆有益微生物菌株，并将其制备成菌剂，添加到有机物料中进行发酵而形成的一种有机肥料。除了具有一般肥料的功能外，还具有生物防治作用。微生物菌肥能改善土壤环境，增加土壤中有益微生物的数量，抑制土传病害菌群，从而促进植物生长发育。目前，功能微生物菌剂主要包括芽孢杆菌属、假单胞菌属、木霉属等。已有研究表明，包含芽孢杆菌和木霉菌的生物菌肥在一定程度上改变土壤环境，使具有抗真菌活性的有益微生物相对丰度增加，改变环境中微生物的群落结构，从而能够有效抑制土传致病菌（图7-12）。添加不同微生物菌肥对连作土壤的改良效果不同，但是均能提高土壤微生物多样性，改善土壤微

图7-11 多花黄精基地冬季清园药剂

图7-12 土壤杀菌后冲施微生物菌剂进行补菌

生态环境，这说明有针对性地改变土壤有益菌群、提高土壤微生物多样性能有效缓解连作障碍，提高其产量和品质。微生物菌剂是一种有效的改良土壤方式，但是目前菌剂的稳定性、有效定植以及安全性等问题仍然制约微生物菌肥的发展和推广，还需要进一步研究和改良，同时可结合滴灌、喷灌、拌种等不同施肥方式配合对应的农艺措施帮助促生菌在根际定殖生长，以达到稳定的促生效果。

### （二）连作障碍的土壤改良通用技术方法

**1. 封膜日晒法**

（1）适合条件

封膜日晒法适用于各种连作障碍类型，在换茬空档期的夏季高温季节进行。

（2）撒施易腐生物质短截或碎末

在高温季节将易腐生物质短截或碎末均匀地撒施在土壤表面，所用生物质的有毒有害物质限量应符合 GB 38400 的要求，碳氮比宜控制在10~35（表7-3）。总用量宜控制在 1500~3000kg/亩，或以干物质计控制在800~1200kg/亩。

表7-3　连作障碍土壤改良用主要易腐生物质的碳氮比分类

| 类别 | 碳氮比 | 代表性种类 |
| --- | --- | --- |
| 高碳类 | >35 | 稻草、麦秆、玉米秆、玉米芯、稻壳、甘蔗渣、芦苇、茭白叶、木屑 |
| 碳氮平衡类 | 10~35 | 十字花科和菊科植物残体、油菜和豆类秸秆、麦麸 |
| 高氮类 | <10 | 绿肥、新鲜豆科植物、豆粕、棉籽粕、花生粕、酒糟、猪粪、鸡粪 |

注：十字花科和菊科植物残体对土壤中的有害生物还具有熏蒸作用。

（3）撒施石灰质物料

对于土壤 pH 显著低于计划种植作物适宜范围的，宜加施石灰质物料（图7-13）。

图7-13　撒施石灰

　　主要石灰质物料的质量要求和需要量按表7-4和表7-5的规定执行，再结合土壤质地类型、耕层厚度、土壤pH拟调升幅度等估算相应田块的具体用量。撒施时应穿护手套、防尘口罩和套鞋；避免在雨天进行露天作业。

表7-4　石灰质物料的质量要求

| 石灰质物料类型 | 主要成分 | 钙镁氧化物含量/% |
| --- | --- | --- |
| 生石灰粉 | $CaO$ | ≥75 |
| 熟石灰粉 | $Ca(OH)_2$ | ≥55 |
| 石灰石粉 | $CaCO_3$ | ≥40 |
| 白云石粉 | $CaCO_3$和$MgCO_3$ | ≥40 |

注：十字花科和菊科植物残体对土壤中的有害生物具有熏蒸作用。

表7-5　20cm耕层调升1个pH的石灰质物料需要量参考值

| 土壤质地 | 生石灰粉/<br>(kg·亩⁻¹) | 熟石灰粉/<br>(kg·亩⁻¹) | 石灰石粉/<br>(kg·亩⁻¹) | 白云石粉/<br>(kg·亩⁻¹) |
| --- | --- | --- | --- | --- |
| 砂土 | 80~110 | 100~140 | 140~200 | 140~200 |
| 壤土 | 110~150 | 140~190 | 200~270 | 200~270 |
| 黏土 | 150~190 | −190~250 | 270~340 | 270~340 |

（4）翻耕和整地

采用旋耕机立即将刚撒施的易腐生物质和石灰质物料翻入土中，再整成平地。

（5）灌水和封膜

灌水至耕层土壤含水量达到饱和持水量的70%以上，再用2层农用薄膜严密封盖土面。对于有棚架的土地，上层也可改在棚架上用棚膜严密封盖。封膜后应仔细检查薄膜是否出现破损，周边是否封压严密，并确保土壤在要求的封闭时间内持续处于密封状态。

（6）揭膜和松土通气

封闭时间达到表7-6要求后揭膜，并松土通气。

表7-6　不同温度条件下封膜日晒法、淹水还原法和封膜熏蒸法的土壤封闭和通气时间

| 日最高气温/℃ | 土壤封闭时间/d | | | 封膜熏蒸法通气时间/d |
| --- | --- | --- | --- | --- |
| | 封膜日晒法 | 淹水还原法 | 封膜熏蒸法 | |
| >35 | ≥10 | ≥20 | ≥7 | ≥5 |
| 31~35 | ≥15 | ≥25 | ≥10 | ≥6 |
| 26~30 | ≥20 | ≥30 | ≥15 | ≥8 |
| 15~25 | — | ≥40 | ≥20 | ≥10 |

**2. 淹水还原法**

（1）适用条件

淹水还原法适用于各种连作障碍类型，需有良好的淹水条件和较长的换茬空隙期。

（2）撒施易腐生物质和石灰质物料

按照前述操作。

（3）翻耕和灌水封土

采用旋耕机立即将刚撒施的易腐生物质和石灰质物料翻入土中，

整平后及时灌水淹没土壤，并持续保持土面上有10cm以上的水层封闭土壤。灌水封土期间要正常检查是否有漏水，必要时应及时补充灌水，并确保土壤在要求的封闭时间内持续处于淹水状态。

（4）排水落干和松土通气

淹水持续封闭土壤时间达到表7-6要求后排水，适当干燥后松土通气。

**3. 休耕晒垡法**

（1）适用条件

休耕晒垡法适用于各种连作障碍类型，需要休耕期内有冰冻、晴热和多雨天气。

（2）休耕

连作障碍比较轻的可选择季节性休耕，宜安排在冬季或夏季，连作障碍严重的宜采用全年休耕。

（3）晒垡

休耕期间，应在寒冬和盛夏初期排干积水进行深耕翻土后晒垡，隔20~40d后再翻耕一次。其他时间，如杂草茂盛，可再行翻耕；土壤酸化严重的，可在深翻前按照前述加施石灰质物料。

**4. 轮作改良法**

（1）适用条件

轮作改良法适用于各种连作障碍类型，垡块适宜于拟轮作作物的生产，且在技术和经济上可行。

（2）作物选择原则

应根据当地生态和技术经济条件，选择对导致该种植区域产生连作障碍的土传病原菌、土居害虫及土壤理化和养分缺陷等有较强抗耐性，并有利于土壤生态恢复的作物进行轮作。

（3）轮作模式

通常宜选择水旱轮作，豆科作物与非豆科作物轮作，禾本科作物与非禾本科作物轮作，粮油、果蔬、烟草和中药材等与绿肥和饲草作物轮作。

**5. 生物改良法**

（1）适用条件

生物改良法适用于轻度的生态失衡型连作障碍土壤，在春夏秋季的作物生长期或换茬空隙期均可，也可在封膜日。

晒法、淹水还原法或封膜熏蒸法的全部过程实施结束后配套使用。

（2）生物制剂选用

宜选用已获得农业主管部门的使用登记的本霉菌、芽孢杆菌、荧光假单孢杆菌及其他土壤改良用生物制剂。

（3）处理方法

在作物生长期或换茬间隙期，适当松土后，按照产品使用说明书用生物制剂稀释液灌根或浇土。常用生物制剂使用剂量和方法见表7-7。

表7-7　连作障碍土壤改良用部分生物制剂的建议剂量和方法

| 生物制剂名称 | 每亩代表性制剂用量* | 使用方法 |
|---|---|---|
| 哈茨木霉菌 | 3亿CFU/g可湿性粉剂3~4kg | |
| 枯草芽孢杆菌 | 100亿CFU/g可湿性粉剂400~600g | |
| 蜡质芽孢杆菌 | 10亿CFU/g悬浮剂4~7L | |
| 解淀粉芽孢杆菌 | 10亿CFU/g可湿性粉剂100~200g | |
| 甲基营养型芽孢杆菌 | 30亿CFU/g可湿性粉剂700~1300g | 灌根或浇土 |
| 杀线虫芽孢杆菌B16 | 5亿CFU/g可湿性粉剂1500~2500g | |
| 海洋芽孢杆菌 | 10亿CFU/g可湿性粉剂500~620g | |
| 荧光假单孢杆菌 | 3000亿CFU/g可湿性粉剂500g~660g | |

注：*表示采用局部处理的方式可适当减少剂量。

### 6. 封膜熏蒸法

（1）适用条件

封膜熏蒸法适用于严重的生态失衡型连作障碍土壤，在春夏秋季的作物换茬空隙期进行，也可与封膜日晒法结合使用。

（2）熏蒸剂种类的选择和用量

从我国获得使用登记的土壤熏蒸剂选择比较安全有效的产品，如棉隆、氰氨化钙、威百亩和异硫氰酸烯丙酯等，使用剂量见表7-8或产品说明书。

表7-8　连作障碍土壤改良用部分土壤熏蒸剂的建议剂量、使用方法及说明

| 熏蒸剂名称 | 每亩用量 | | 使用方法 | 使用说明 |
|---|---|---|---|---|
| | 有效成分 | 代表性制剂 | | |
| 棉隆 | 19.6~29.4kg | 98%微粒剂 20~30kg | 混土施药法 | 土壤中半衰期小于1d |
| 氰氨化钙（石灰氮） | 24~32kg | 50%颗粒剂 48~64kg | 混土施药法 | 呈碱性反应,对酸性土壤有中和作用,不适合碱性土壤;含氮量高,除具备改良效果还为土壤和植物提供养分;土壤中半衰期范围为7~28d |
| 威百亩 | 1.7~2.1kg | 42%水剂 4~5L | 灌溉或注射施药法 | 土壤中半衰期小于4d |
| 异硫氰酸烯丙酯 | 0.6~1kg | 20%水剂 3~5kg | 灌溉或注射施药法 | 土壤中半衰期小于2.5d,不适合与碱性物质(如石灰质物料等)混用 |

（3）施药和封膜

① 灌溉施药法：适用于能溶于水的熏蒸剂。施下基肥后翻将土壤耙细整平，药剂兑水均匀浇入土中，然后立即用农用薄膜严密封盖土面，如有滴灌系统，则整地后先封盖好土面，然后通过滴灌系统将药液施到土壤中。兑水量以能渗透湿润10~20cm土层为度（一般用水量15~45L/m²）

② 混土施药法：适用于微粒剂等固体型熏蒸剂。将基肥和熏蒸剂均匀撒施到土里，然后用旋耕机翻耕和耙细土壤，浇水至土壤含水量达到饱和持水量的60%~70%，并立即用农用薄膜严密封盖土面。

③ 注射施药法：适用于液体类熏蒸剂。施下基肥后翻耕，将土壤耙细整平；用专用手动注射器或机动注射消毒机施药（注射孔间距30cm左右），立即用土封好注射孔；施药后及时用农用薄膜严密封盖土面。

（4）熏蒸和通气

在密封条件下熏蒸，时间达到要求后，先于傍晚揭开薄膜的边角通气，并设立明显标志，警示人员不要在通气口处长时间停留；第二天全部揭膜，并松土通气。

（5）土壤安全性测试

按照表7-8的方法进行土壤安全性测试，测试未达安全要求的，增加3~5d通气时间后再行测试，直至确认安全后播种或移栽。

（6）其他要求

熏蒸剂的使用尽量均匀，土壤封膜应及时和严密。整个熏蒸过程应按照GB 12475的规定做好环境危害的防护。特别是施用地点不宜紧邻水体或禽畜养殖场；撒施时要佩戴口罩、帽子和橡胶手套，穿长装、长袖衣服和胶鞋；未用完的熏蒸剂要密封，存放在通风、干燥的库房内，不应与人畜同室。

# 第八章 多花黄精生产基地建设与管理

## 一、中药材生产基地的技术要求

### （一）中药材GAP与SOP及实施要求

#### 1. 中药材GAP与SOP的概念

中药材GAP（Good Agricultural Practice for Chinese Drugs，中药材生产质量管理规范），是关于药用植物和动物的规范化农业实践的指导方针。它规定了在中药材生产中的基地选择、种质选择、栽种及饲养管理、病虫害防治、采收加工、包装运输与贮藏、质量控制、人员管理等各个环节，均应严格执行标准生产操作规程（图8-1）。

SOP即标准操作规程，是Standard Operating Procedure

图8-1 GAP中药材林下种植示范基地

英文的缩写，指企业或种植基地依据国家有关部门（国家药品监督管理局）发布的《中药材生产质量管理规范》（GAP）为基本原则，在总结前人经验的基础上，通过科学研究、技术实验，根据各自的生产品种、环境特点、技术状态等，制定切实可行的、达到GAP要求的方法和措施。

**2. 中药材GAP质量控制的环节**

（1）基地选择

在注重中药材道地产区和主产地基础上，要求种植基地生态环境良好，附近没有化工厂或其他有污染物排放的工厂，远离主要公路50m以上，环境空气质量必须达到GB 3095—2012质量标准，灌溉用水质量必须达到GB 5084—2021质量标准，土壤环境质量必须达到GB 15618—2018质量标准（图8-2）。

图8-2 临岐镇中药材（黄精、三叶青、重楼）林下种植示范基地

（2）良种选育繁育

对于药用植物，要求在保持"道地药材"的基础上，鼓励进行种质资源的保存、引进和利用（图8-3）；鼓励利用药用植物优良的遗传变异，进行优良新品种的选育，并开展良种提纯复壮工作，增强品种和繁殖材料的抗病虫性能，提高有效成分含量和产量。

图8-3　杭州职业技术学院多花黄精种质资源与选育种圃

（3）农药控制

禁止使用严重危害人体健康的"三致"（致癌、致畸、致突变）化学农药和对环境生物有较高毒性的化学农药。

（4）肥料控制与无害化处理

仅允许少量使用化学肥料，提倡施用有机肥料和有益微生物肥料（图8-4）。

图8-4　农药与生长平衡肥搭配使用

有机肥料必须经过堆、沤等腐熟无害化处理（图8-5），以杀灭肥料中的病菌、虫卵和杂草种子等。

图8-5　经过腐熟处理的商品有机肥

（5）标准操作技术规程(SOP)的制定

对生产的每一个环节，包括良种繁育、选地、整地、播种、田间管理、施肥、灌水、病虫害防治、采收、加工、贮藏、包装、运输等各个环节均要求制定相应的标准操作技术规程(SOP)，并按规程的规定严格执行，以确保药材质量。

（6）产品质量标准的制定

要求制定药材产品农药残留限量、有害重金属与非重金属含量限量、有效成分含量、外观性状等质量标准，并以此标准作为衡量产品质量是否合格的依据。

（7）各种管理规程的制定

类似于工业生产的ISO9000质量管理体系和药品生产GMP，GAP也要制定生产过程中各个环节的管理章程，如产品抽样检验制度、有机肥料无害化处理操作与抽样检验制度、仪器的使用方法与管理制度、产品贮藏管理制度、文件管理制度和人员管理制度等。通过这些管理章程与标准操作技术规程相互配合，确保有条不紊地安排与组织生产，从而实现中药材生产各个环节的质量可控性，确保生产出绿色优质的中药材。

图8-6　多花黄精种植遮阳设施

（8）必要的硬件设施

必要的硬件设施包括GAP技术指导站、办公室、小气象站、农具存放室、简易仪器分析室、精密仪器分析室、初加工场地、晾晒场地、标本陈列室、田间排灌设施、遮阳设施和有机肥料腐化池（图8-7）等。

图8-7　有机肥料腐化池兼蓄水池

（9）人员配备与技术培训

在栽培生产与质量控制的各个重要岗位上，配备相关技术人员与管理人员，并对他们以及生产人员经常进行必要的技术培训（图8-8至图8-10）。

图8-8　吕伟德教授与多花黄精种植能手进行技术交流与合作

图8-9　开化县中药材产业带头人生产技术培训

图8-10　校企合作共建多花黄精生态种植示范基地

## （二）中药材质量的特殊要求

### 1. 农药残留的控制

GAP严格禁止使用剧毒或高毒、高残留、具有"三致"（致癌、致畸、致突变）和对环境生物具有特殊毒性的农药。这些农药分为以下几种。

（1）对环境生物高毒、含有毒元素砷(As)的所有有机砷和无机砷杀虫剂，如福美胂等。

（2）对环境生物剧毒、高残留、含有毒元素汞(Hg)的所有有机汞杀虫剂，如西力生等。

（3）对环境高残留、含有毒元素锡(Sn)的所有有机锡杀菌剂，如薯瘟锡等。

（4）对环境高残留的所有有机氯杀虫剂、杀螨剂，如六六六、DDT、林丹、艾氏剂、狄氏剂、三氯杀螨醇等。

（5）对环境生物高毒、剧毒的部分有机磷杀虫剂、杀菌剂，如1605、甲基1605、氧化乐果等。

（6）对环境生物高毒、剧毒或代谢物高毒的部分氨基甲酸酯杀虫剂，如呋喃丹、涕灭威等。

（7）对高等生物有致癌作用的甲脒类杀虫剂、杀螨剂，如杀虫脒等。

（8）对高等生物有致癌作用，对环境高残留的取代苯类杀菌剂，如五氯硝基苯等。

（9）对环境生物高毒、剧毒，对作物易产生药害的所有无机杀菌剂和氟制剂，如氟硅酸钠等。

（10）对高等生物有致癌、致畸作用，对环境生物高毒的所有卤代烷类熏蒸杀虫剂，如二溴乙烷等。

（11）对环境生物高毒，对作物易产生药害的所有化学除草剂，如草胺磷等。

（12）对鱼类高毒的拟除虫菊酯类化学合成杀虫剂，如溴氰菊酯、氯氰菊酯等。

（13）对环境生物高毒的生物源杀虫剂，如阿维菌素。

注意：最后两类农药：阿维菌素属于生物杀虫剂，拟除虫菊酯类属于人工模拟天然除虫菊酯化学合成的农药。它们的杀虫成分属于天然产物或者接近天然产物，但由于对环境生物具有高毒性，仍然被GAP禁用。

**2. 提倡优先使用无污染的生物源农药**

生物源农药有以下几种。

（1）微生物源农药

① 农用抗生素类，如防治真菌和细菌病害的春雷霉素、多抗霉素、井冈霉素、农用链霉素等；防治螨类的浏阳霉素、华光霉素等；防治病毒和兼治真菌、细菌病害的宁南霉素、菇类蛋白多糖等；防治线虫病害的线虫清、大豆根保剂等；除草剂双丙氨膦等。

② 活体微生物制剂，如防治虫害的真菌剂绿僵菌、白僵菌等；细菌剂苏云金杆菌(Bt)等；有抗菌、拮抗作用的真菌剂"5406放线菌"、木霉制剂、VA菌根等；防治虫害的病毒制剂核多角体病毒等除草剂"鲁保一号"等。

（2）植物源农药

① 杀虫剂，如除虫菊素、鱼藤酮、烟碱、苦参碱、植物乳油剂等。

② 杀菌剂，如大蒜素、苦参碱等。

③ 驱避剂，如印栋素、苦糠素、川栋素等。

④ 增效剂，如芝麻素等。

（3）动物源农药

① 昆虫信息素（昆虫外激素），如性信息素等。

② 动物提取制剂，如海洋动物提取物低聚糖、壳多糖等。

③ 活体制剂，如微孢子虫杀虫剂；线虫杀虫剂；寄生性、捕食

性天敌动物。

### 3. 提倡使用毒性小、污染小的矿物源农药

一些以矿物为原料生产的农药由于成分来源于自然界，容易分解，对环境生物毒性也较小，GAP提倡适量使用，主要包括以下种类。

① 硫制剂石硫合剂、可湿性硫等。

② 铜制剂波尔多液、硫酸铜、王铜、氢氧化铜等。

③ 钙制剂石灰粉、石灰水、石膏等。

### 4. 限量使用低毒、低残留化学农药

GAP允许限量使用一些低毒、低残留、无"三致"作用的化学农药。

（1）杀菌剂

多菌灵、百菌清、代森锌、敌克松、敌锈钠、托布津、瑞毒霉、粉锈宁(三唑酮)、乙膦铝、扑海因等。

（2）杀虫剂

敌百虫、乐果、辛硫磷、杀螟松、敌敌畏、西维因等。

### 5. 控制有害元素含量

中药材GAP规定，中药材中有害元素含量要低，为了达到中药材有害元素含量限量标准，可以通过以下途径加以控制。

（1）适量施用含金属元素的农药

无机农药中的氢氧化铜、硫酸铜、波尔多液等含有较多的铜(Cu)元素，有机农药中的代森锌、代森锰锌等含有较多的锌(Zn)、锰(Mn)元素。这些农药的大量施用必然增加农药中金属成分在药材中的残留量。因此，在防治病虫害选用农药时，尽量优先选用生物源农药，如果选用以上农药，应该与其他农药交替使用，尽量限制使用量。

（2）适量施用矿物质化学肥料

一些由天然矿物经化学加工制成的化学肥料，如磷矿粉、过磷酸钙、氯化钾、石灰氮等，可能由原料矿物中带入一定量的其他伴生矿物成分，从而带入其他元素，如铜(Cu)、锌(Zn)、锰(Mn)、镉(Cd)、砷(As)等，如果过量使用可能成为有害元素污染源。因此，一方面要

注意在一个生长季施用的量不能过多，比如过磷酸钙和石灰氮一般不宜超过每亩100kg，磷矿粉和氯化钾一般不宜超过每亩50kg；另一方面多施用有机肥，通过有机肥向作物提供养分，同时通过有机肥对化学肥料成分的吸附作用，让这些成分缓慢释放，供给植物根系吸收利用，避免过度吸收造成富集超标。

（3）采取措施减少植物自身的富集作用

一些药用植物，可能对某些元素具有特殊的富集性，如川芎对镉(Cd)就有一定的富集性。四川川芎道地产区都江堰一带土壤中的镉一般不超标，但是由药农传统栽培技术生产出来的川芎药材往往出现超标，这一情况已经严重影响了川芎药材的销售。

## 二、多花黄精生产基地田间建设方案

### （一）建设规划

育苗基地与种植基地按1:10~15进行规划。

### （二）田间工程主要建设内容

#### 1. 土地整理与深翻培肥

（1）土地整理

土地整理的基本原则是尽可能增加有效耕地面积；合理分配土方，就近平衡挖填土方量，尽量减少客土、弃土；田面平整、埂坎稳定，有利于作物的生长和田间灌排水（图8-11）；方便农业机械化作业和田间耕作；做好耕作层保护工作，平整后耕地质量要求提高一个等级或保持平整前的农用地等级。土地整理后，田面坡度在0°~5°范围内（图8-12和图8-13），以保证条田长边光照时间最长。田埂用土或石料建筑，就地取材，尽量不采用砼材料砌筑，以避免危害生态环境和田园景观。

图8-11　缓坡林下种植多花黄精的土地整理

图8-12　毛竹木林下种植多花黄精的土地整理

图8-13　茶园套种多花黄精土地整理

（2）深翻培肥

对整治后的土地进行深翻培肥，且需达到以下要求：土层厚度不低于40cm，耕作层厚度不低于25cm，基本无砾石，有机质含量不低于15.0g或保持耕地原有有机质含量，pH值在5.0~8.5之间或保持耕地原有pH值。培肥后使耕作层土壤达到砂壤至壤土标准，表土疏松，土壤通气性好，心土紧实，保水保肥性强。实施秸秆还田、增施农家肥等措施（图8-14），增加土壤有机质含量，疏松土壤，改善土壤的透水、通气、保水性能。

图8-14　种植前5~6个月施下有机肥作基肥

### 2. 遮阳网

黄精属喜阴植物，忌强光直射，在移栽前需搭建好遮阳网（图8-15）。按4m×4m打穴栽桩，用木桩或水泥桩均可，桩的长度为2.2m，直径为10~12cm，桩栽入土中的深度为40cm，桩与桩的顶部用铁丝固定，边缘的桩子用铁丝拴牢，并将铁丝的另一端拴在小木桩上斜拉打入土中固定。在拉好铁丝的桩子上，铺盖遮阴度为70%的遮阳网，在固定遮阳网时应考虑以后易收拢和

图8-15　以水泥桩搭建简易遮阳棚及护栏设施

展开。考虑冬季风大或下雪，待植株倒苗（12月中旬），应及时将遮阳网收拢，第二年3月再将遮阳网展开盖好。

**3. 喷灌设施**

喷灌系统一般包括水源、动力、水泵、管道系统和喷头等部分。

（1）喷灌制度

① 设计灌水定额

$$m_{设}=0.1h_g(P_1-P_2)/\eta_水$$

式中：$m_{设}$ 为设计灌水定额，mm；

　　　$h_g$ 为植株主要根系活动层的厚度，一般取 $40\sim66$ cm；

　　　$P_1$ 为该段土层允许达到的含水量上限；

　　　$P_2$ 为灌前土层含水量下限；

　　　$\eta_水$ 为灌溉水的有效利用系数，一般为 $0.7\sim0.9$。

② 设计灌水周期

$$T_{设}=m_{设}\eta_水/W$$

式中：$T_{设}$ 为设计灌水周期，天；

　　　$m_{设}$ 为设计灌水定额，mm；

　　　$\eta_水$ 为灌溉水的有效利用系数，一般为 $0.7\sim0.9$；

　　　$W$ 为作物最大日平均耗水量，mm/d。

③ 一次灌水所需时间

$$\rho_{系统}=1000q/(bl)$$

$$t=m_{设}/\rho_{系统}$$

式中：$t$ 为一次灌水所需时间，h；

　　　$m_{设}$ 为设计灌水定额，mm；

　　　$\rho_{系统}$ 为喷灌系统的平均喷灌强度，mm/h；

　　　$q$ 为一个喷头的流量，m³/h；

　　　$b$ 为支管间距，m；

$l$ 为沿支管的喷头间距，m。

（2）计算喷头数和支管数

① 喷头数的计算

$$n_{头}=Ft/(blT_{设}C)$$

式中：$n_{头}$ 为同时工作的喷灌喷头数，个；

$\quad$ $F$ 为整个喷灌系统的面积，$m^2$；

$\quad$ $T_{设}$ 为设计灌水周期，d；

$\quad$ $t$ 为一次灌水所需时间，h；

$\quad$ $C$ 为一天中喷灌系统的有效工作小时数，h。

② 支管数的计算

$$n_{支}=n_{头}/n_{支头}$$

式中：$n_{支}$ 为支管数；

$\quad$ $n_{支头}$ 为一根支管上的喷头数；

$\quad$ $n_{头}$ 为同时工作的喷灌喷头数，个。

③ 管道系统的水头损失

（a）管道沿程水头损失：$H_f=fLQm/db$

（b）管道局部水头损失：$h_{\xi}=\xi\cdot V^2/(2g)$

式中：$H_f$ 为管道沿程水头损失，m；

$\quad$ $f$ 为摩阻系数；

$\quad$ $L$ 为管道长度，m；

$\quad$ $Q$ 为流量，$m^3/H$；

$\quad$ $m$ 为流量指数；

$\quad$ $d$ 为管道内径，mm；

$\quad$ $b$ 为管径指数；

$\quad$ $h_{\xi}$ 为管道局部水头损失，m；

$\quad$ $\xi$ 为管道局部阻力系数；

$V$ 为管道流速，m/s；

g为重力加速度，m/s²。

各种管材的 $f$、$m$、$b$ 值，详见表8-1。

**表8-1 各种管材对应的 $f$、$m$、$b$ 值**

| 管 材 | $f$ | $m$ | $b$ |
|---|---|---|---|
| 钢筋混凝土管 | | | |
| 糙率 $n$=0.013 | $1.312 \times 10^6$ | 2.00 | 5.33 |
| $n$=0.014 | $1.516 \times 10^6$ | 2.00 | 5.33 |
| $n$=0.015 | $1.749 \times 10^6$ | 2.00 | 5.33 |
| 旧钢管、旧铸铁管 | $6.25 \times 10^6$ | 1.90 | 5.10 |
| 硬塑料管 | $0.948 \times 10^6$ | 1.77 | 4.77 |
| 铝合金管 | $0.861 \times 10^6$ | 1.74 | 4.74 |

（3）水泵选择

① 喷灌系统设计最大流量

$$Q = n \cdot q$$

式中：$Q$ 为系统设计流量，m³/s；

$n$ 为喷头数量，个；

$q$ 为单个喷头的流量，m³/s。

② 喷灌系统的设计水头

$$H = H_头 + \sum hw + \sum h + V$$

式中：$H$ 为喷灌系统设计总水头，m；

$H_头$ 为喷头设计工作压力，m；

$\sum hw$ 为水泵到典型喷头之间管段沿程损失之和，m；

$\sum h$ 为水泵到典型喷头之间管段局部损失之和，m；

$V$ 为典型喷头高程与水源水面的高差，m。

③动力功率计算

$$N=9.81 \cdot K/(\eta_{泵}\eta_{传动})$$

式中：$N$ 为动力功率，kW；

　　　$K$ 为动力备用系数，一般为 1.1~1.3；

　　　$\eta_{泵}$ 为水泵效率，可查不同型号水泵性能资料获得；

　　　$\eta_{传动}$ 为传动效率，0.8~0.95。

**4. 蓄水池**

（1）布置原则

蓄水池一般布设在坡面局部低洼处或坡脚部位，与排水渠、沉沙池形成水系网络，以蓄积坡面径流，用于果林的灌溉，解决部分人畜饮水问题。布设中尽量考虑少占耕地，来水充足，蓄水方便，造价低，基础稳固。沉沙池布设在水平沟与排洪沟相交处、地势低洼处、蓄水池进口处和排洪沟出口处等地方。

（2）设计标准

蓄水池设计标准参照《水土保持综合治理　技术规范　小型蓄排引水工程》（GB/T 16453.4—2008），标准按 10 年一遇 3~6h 最大降雨量设计。

（3）场地布局

蓄水池的布设要因地制宜，具有最大控灌面积，就地取材，技术可靠，保证水质、水量，节省投资；蓄水池的工程布点要合理，以降低工程造价；要防止冲刷，确保工程安全，并充分开发和合理利用多种水资源。

（4）确定容积

根据地势条件和项目区使用习惯，采用开敞式圆柱形蓄水池的设计。

① 蓄水池容积：

$$W=h \cdot \phi \cdot F/800$$

式中：$W$ 为拦蓄容积，$m^2$；

　　　$h$ 为 10 年一遇 24h 暴雨量，mm；

$\phi$ 为集水面积，$m^2$；

$F$ 为径流系数。

②典型矩形蓄水池容积计算：

$$V = H\pi R^2$$

式中：$V$ 为蓄水容积，$m^3$；

$H$ 为池深，m；

$\pi$ 为圆周率，取 3.14；

$R$ 为池底半径，m。

蓄水池容积的确定要根据来水和需要平衡计算，以需水量为主，一般在水比较丰富的情况下，即当 $V<W$ 时，可考虑通过排洪沟把富余水排入山塘或溪河；当 $V\geq W$ 时，可引其他水源补充。

（5）断面设计

蓄水池布设于坡面局部低凹处，应根据地形有利、岩性良好、蓄水容量大、对坡下能控灌且工程量小、施工方便等具体条件而合理安排。原则上有灌溉渠道的区域和水源条件相对较好的区域不布设蓄水池。参照《长江流域水土保持技术手册》，结合流域实际情况，根据具体地势设计。本方案典型蓄水池设计为圆柱形，150$m^3$ 规格的，池深 3.3m，直径 7.6m，最大蓄水深度 2.9m。

蓄水池采用地下式结构，池壁为现浇 20cm 厚 C20 混凝土，池底板为现浇 20cm 厚 C20 混凝土。栏杆为砖砌围栏，高出地面 1.2m 以上，梯步底板为 10cm 厚 C25 预应力砼板，梯步踏板和取水平台都采用 M7.5 水泥砂浆浆砌标砖。引排水渠采用断面尺寸宽×高为 30cm×30cm 矩形渠，全断面采用 C20 混凝土衬砌，渠底板 C20 混凝土厚 10cm，渠边墙 C20 混凝土厚 15cm，引排水渠总长 60m。沉砂池设计尺寸为 1.0m× 1.0m×1.0m，底板采用 10cm 厚现浇 C20 混凝土，边墙采用 24cm 厚的 M7.5 浆砌标砖，边墙内表面及顶部 M10 水泥砂浆抹面 2cm 厚。

### 5. 引水管

（1）设计流量

根据设计灌水定额、灌溉面积、灌水周期和每天的工作时间可计算灌溉设计流量。管灌系统灌溉作物以黄精种植为主，按以下公式计算灌溉设计流量：

$$Q_0 = \frac{amA}{\eta Tt}$$

式中：$Q_0$ 为管灌系统的灌溉设计流量，$m^3/h$；

　　　$a$ 为灌水高峰期作物种植比例；

　　　$m$ 为设计净灌水定额，$m^3/hm^2$；

　　　$A$ 为设计灌溉面积；

　　　$\eta$ 为灌溉水利用系数，取 0.80~0.90；

　　　$t$ 为每天灌水时间，取 18~22h；

　　　$T$ 为次灌水延续时间，d。

（2）管道流量计算

对于出水量小于 $60m^3/h$ 的灌区，管道流量：

$$Q = \frac{n_{栓}}{N_{设}} Q_0$$

式中：$Q$ 为管道设计流量，$m^3/h$；

　　　$n_{栓}$ 为管道控制范围内同时开启的给水栓个数；

　　　$N_{设}$ 为全系统同时开启的给水栓个数。

（3）管径确定

管道的直径：

$$D = \sqrt{\frac{4Q}{\pi v}}$$

式中：$D$ 为管道直径，$mm$；

　　　$v$ 为管内流速，$m/s$；

$Q$为计算管段的设计流量，$m^3/s$。

经计算：选用DN110管道。

（4）管材选择

管道选择UPVC管，公称压力1.0MPa，系统流量在60$m^3$/h以内。

**6. 网围栏**

为保护基地所种植的黄精免受人为或附近动物的损害，在基地周围设立边防，安装网围栏15000m，作为与基地外农田的界栏。

图8-16 江山展飞家庭农场黄精林下种植田间操作道路

网围栏采用8cm×110cm×60cm型刺钢丝编结网，由立柱和浸塑刺钢丝网组成，围栏高2.0m。立柱采用预制C20钢筋砼立柱，结构尺寸为12cm×12cm×250cm，内配4根Φ8冷拔钢筋，间距5m。刺钢丝技术要求：每公里长重量为150~170kg，刺间距100~120mm，每米长度股线转数为7~8转，抗张强度≥500kg/m，刺线纬线根数6~8根，纬线间距15~20cm，底边纬线距地面15cm。

### 7. 田间操作道

（1）布设原则

道路配置要与坡面水系相结合，统一规划，有利生产，方便耕作和运输，提高劳动生产效率（图8-17）；尽可能避开大挖大填，减少交叉建筑物，降低工程造价。

图8-17　金华百善村黄精基地田间操作道路

（2）设计标准

宽度为1.2m，30cm厚素土夯实，10cm厚砂砾石垫层，有条件的可铺20cm厚的C20混凝土路面。

（3）施工要求

田间操作道要与坡面水系和坡改梯同步实施，在临高坡一边开挖水平沟，拦截径流，水平沟与干道排洪沟相通，矩形断面，底面低于路面不少于0.3m，道路修筑可采取半挖半填式，填方部位要夯实，边坡要稳定，路面平整稳固，路面中间稍高于两侧，略呈龟背形转弯外侧稍高于内侧，在坡度较陡、离路面较高处，路两侧修筑挡土墙，同时在中间回填土夯实，最后在此基础上铺设道路。

## 三、多花黄精生产基地管理方案

### （一）基地生产管理目标

遵守基地发展规划，提高种植基地生产管理水平，适时持续定量生产出高标准的优质中药材黄精。

### （二）基地设立区域、大棚标志牌

为了指示更加明显，便于操作管理，各区域应悬挂标志牌并标明所属区域、编号、面积、种植品种及面积、负责人等。

### （三）种植基地的职能

种植基地的职能是在高层领导下，积极贯彻公司的中药产业管理方针与经营政策，负责公司种植基地全面工作，组织种植基地的生产、督促生产计划的安排及落实；主要负责种植基地中药材、蔬菜的采购计划及管理;基地肥料、农药使用管理；基地病虫害防治；基地田间档案管理；基地的环境监察保护；基地产品采收初加工事宜。

## （四）基地的岗位职责

### 1. 基地主任岗位职责

（1）负责生产基地的全面工作。

（2）负责组织基地的生产、督促生产计划的安排及落实，掌握各品种的种植情况，并作出适当的安排。

（3）负责编制基地各种品种的种植养护操作规程。

（4）掌握财务支出状况，控制生产成本，提高经济效益，落实完成上级领导下达的各项任务。

（5）负责基地的人员管理工作，经常组织员工学习黄精种植管理技术，努力提高基地人员素质和技术水平。

（6）做好基地周边环境的治理、抓好安全生产，为基地的生产创造良好的环境。

（7）组织好基地的各项工作，督促检查基地及各种植区的卫生和安全工作。

（8）做好基地的生产计划安排及生产落实情况，并进行月度总结，上报。

（9）完成上级交办的其他工作。

### 2. 基地技术主管工作职责

（1）在基地主任的领导下，负责基地黄精种植、日常管护技术的指导和实施。

（2）有计划、有重点地观察各种种植品种的生长规律及特点，根据实际情况及时制订出科学的种植措施并付诸实践，同时指导种植、管理人员认真管理基地的各项工作，有效解决种植、养护中遇到的困难。

（3）每天对基地现场观察一次，及时对所种植的黄精生长状况进行了解，并对观察的情况进行整理，制定日报表。

（4）对黄精种植、管护的日常园艺操作流程进行整理和统计。

① 发生的病、虫、草名称，施用农药名称、追肥、剂型、用药数量、用药方法和时间，以及农药的进货凭证等。

② 生长期间分次所用肥料（包括基肥、叶面肥、植物生长调节剂等)的名称、用肥数量、用肥方法和用肥时间以及肥料进货凭证等。

③ 产品分期分批出苗（芽)时间、出苗(芽）数量、出库数量等情况的统计。

④ 采购和种植品种的入库、出库等记录。

（5）为每一品种种植区设立一个档案，将每月的田间档案记录整理成册，保存到档案袋。

（6）指导种植工人防治种植、养护、生长过程中发生的病虫害，做好各种植区种植前的准备（包括挑选、处理种子、种苗、修剪枯枝、病虫枝、损坏根系、病腐根系）工作，定期给种植工人传授种植、养护的基础知识和实用技术。

（7）配合基地主任做好种植养护技术资料的总结和积累工作，并进行月度总结，上报基地主任并备案。

（8）完成种植基地领导交给的其他任务。

**3. 基地植保技术员工作职责**

（1）植保技术员在基地主任的领导下，负责基地种植、养护技术的指导和实施。

（2）有计划、有重点地观察各种品种病虫害的发生规律及特点，根据实际情况及时制订出适合的植保防治措施并付诸实践，同时指导种植、养护人员科学管理种植基地的各项工作，有效防止种植、养护过程中各种病虫害的发生。

（3）每天对基地巡视一次，及时对黄精的生长状况进行了解，严密监控各种黄精品种的生长状况及病虫害发生情况，并对巡视的情况进行整理，制定日报表。

（4）对黄精生长及病虫害监控的日常巡视情况进行整理和统计。

① 发生的病、虫、草名称，施用农药名称、追肥、剂型、用药

数量、用药方法和时间，以及农药的进货凭证等。

②生长期间分次所用肥料（包括基肥、叶面肥、植物生长调节剂等）的名称、用肥数量、用肥方法和用肥时间以及肥料进货凭证等。

（5）为每一种植品种种植区设立一个档案，将每月的植保田间档案记录整理成册，保存到档案袋。

（6）指导种植工人防治黄精种植、养护、生长过程中发生的病虫害，做好各种植区黄精种植前的准备(包括修剪枯枝、病虫枝、损坏根系、病腐根系)工作，定期给种植工人传授种植、养护的基础知识和实用技术。

（7）配合基地主任做好植保技术资料的总结和积累工作，并进行月度总结，上报基地主任并备案。

（8）完成种植基地领导交给的其他任务。

**4. 基地生产部岗位划分**

（1）基地生产部的岗位职责

制定种植计划，组织劳动力整地、种植、田间管理、施肥、打药、收获、收后储存管理等工作。

（2）各组的岗位职责

①种植组　各组设一组长，组长的职责是分配各负责种植区域的负责人，做到每个种植区域都有专人负责，执行生产作业计划，监督管理指导基地工作人员的工作，做生产记录，与植保人员协作，负责日常巡查，负责田间管理等具体工作，控制作业成本。

②植保组　制定病虫害防治计划，监控疫情，负责灌溉水和土壤的监控和送检；农药残留控制程序的制定、执行、监管，根据中药材标准选择用药、送检、确立用药，进行安全期监控，做好相关文件记录并入档保存；负责日常农作物巡查，监控基地周边相邻地块的用药情况，预防交叉污染，并准备好应急预防措施；负责配药，负责选肥，进行效果监控，负责土壤营养成分监控（取样、选样等）；接受先进的种植栽培方法及丰产技术，学习并加以利用；负责气象预报，

资料整理、分类、汇总、归档，资料一式两份，一份保存在基地。

③ 采摘组　学习并严格执行公司制定的中药材及有机蔬菜采摘标准；负责中药材及蔬菜清洗、分级、搬运等。

④ 农机具保管后勤组　负责拖拉机等农业机械的操作、维修、维护和保养，负责农具的保管和维护、保养及后勤保障工作。

### （五）病虫害防治制度

（1）种植基地病虫害防治采取"预防为主、综合防治"的措施，尽量减少农药的使用次数及数量。

（2）制定病虫害防治计划，做好病虫害发生预测工作，并做详细记录。

（3）农药的发放要根据不同时期病虫害的发生情况，经技术主管现场确定后，由基地植保员提出书面申请，交技术主管审批后方可发放使用。

（4）农药由植保员领取后按照农药使用标准规范确定比例，并监督农药喷洒的全过程。

（5）做好农药使用的详细记录，内容包括使用时间、农药种类、数量、作物、防治目的等，在原料收获时，随原料一起交基地存档。

（6）若发生突发性病虫害，植保员应立即通知技术主管并采取合理有效的措施进行防治，不得使用违禁农药。

（7）病虫害防治所用的物资必须通过合格的农药生产厂家提供，必要时进行化验，以保证其品质，并做好记录。

### （六）基地农业资材采购制度

为了规范种植基地农业资材的采购规范，要制定以下农业资材的采购制度。

（1）种子应向具有种子经营权的单位购买，选择优质、抗病的品种，杂优利用技术和杂交一代新品种或按公司经营决策购买。

（2）农药必须向具有检验登记证、生产许可证和质量标准等"三证"的企业购买。严格按照《农药管理条例》《农药合理使用准则》的要求，科学合理选择使用农药，严禁使用剧毒、高毒、高残留的农药。

（3）肥料必须向具有检验登记证、生产许可证和质量标准等"三证"的企业购买，不能购买未经登记的产品。人、畜、禽粪等有机肥料必须经过充分腐熟或无害化处理后使用。未实行生产许可证和肥料登记管理的有些肥料品种，要做到检验登记证和质量标准"两证"齐全。

（4）对其他农用生产物资的采购也应向有"三证"的企业购买，才能确保种植基地实施标准化生产。

（5）种植基地必须对采购的农业资材进行档案记载，登记造册，清楚列明农业资材的品种、数量、规格、价格、进货渠道等。

（6）种植基地要严格按照采购制度进行农业资材的采购，对擅自违规操作者进行相应的处罚。

### （七）基地农业资材仓库管理制度

为了规范公司种植基地资材的管理，需制定以下农业资材的仓库管理制度：

（1）种植基地应配备专门的农业资材仓库，农业资材入库前必须进行检验，经检验合格后方可入库。入库的农业资材要进行分类整理且排放整齐，并做好登记，其中包括农业资材的品种、数量、规格等，并做好"农业资材仓库管理卡"。

（2）种子、肥料和农药应有干燥、通风的专用仓库储放，防止种子、化肥和农药霉烂、变质、受潮、结块等。

（3）农药要有专门的房间存放，对杀菌剂、杀虫剂分开放，并认真贴好标记，对农药的进出必须严格登记。

（4）仓库保管员应按"领料单"发货，并保存好该存单，填写好"农业资材仓库管理卡"。对种子、肥料、农药使用后的剩余，必须及时退回仓库，并办理相应的手续，以防止散失农药、肥料给人、畜、作物和环境带来危害。

（5）对使用后的农业资材（肥料、农药等）的包装袋、瓶、箱子应集中回收，统一处理，以防止造成环境二次污染。

（6）仓库管理员对各项农业资材设立购、领、存货统计工作，凡购入、领用物资应立即作相应记载，及时反映农业投入品的增减变化情况，并且每月对库存农业投入品进行一次盘点。

### （八）基地田间档案管理制度

为了使种植基地中药材产品具有可追溯性，特制定以下田间档案管理制度：

（1）种植基地基本情况的记录：田间档案须记录种植基地的名称、负责人、种植面积、种植区编号、种植情况（移栽种植、养护、播种种子、种苗数量、前茬茬口、定植期等）。

（2）田间用药情况的记录：记录田间生长期间分次发生的病、虫、草害名称，防治药剂名称、剂型、用药数量、用药方法和时间以及农药的进货渠道等;在对田间土壤、育苗营养土、营养钵、种子等进行消毒处理时，也应记载相应的用药情况，并记录此次作业活动的实施人和责任人。

（3）田间用肥情况的记录：记录田间生长期间分次所用肥料（包括基肥、叶面肥、植物生长调节剂等）的名称、用肥数量、用肥方法和用肥时间，以及肥料进货渠道等，并记录此次作业活动的实施人和责任人。

（4）出圃情况的记录：记录产品分期分批出圃时间、出圃数量的情况。

（5）田间档案必须记录完整、真实、正确、清晰。

（6）田间档案应有专人负责记录管理，当年的田间档案到年底整理成册，保存到档案袋。

（7）加强对田间档案记录检查、监督及不定期进行抽查。

## （九）基地农药使用管理制度

为了规范种植基地农药的使用，需制订以下农药使用管理制度：

（1）种植基地使用的农药必须由专人进行定点购买，只能使用有机种植级农药。

（2）所购农药要进行专库存放。种植基地必须配置独立的农药仓库及专用的农药喷洒器具。

（3）农药总账的建立。仓库管理员须详细核对领用农药的品种、规格、数量，并做好出入库记录，清楚标明农药领用人、领用农药的品种和数量、领用日期、使用用途及使用地点等。

（4）基地植保技术员根据病虫测报并结合实地情况及时作出基地的使用农药计划，并经技术主管审核确定报基地主任签字后领取。

（5）农药统一由基地主任领用。

（6）农药使用的规定：

①各种植区在施用农药时须在基地技术主管和植保技术员的指导下配置农药。

②喷洒时须密切注意现场气象状况，露地作物施药不得在雨天或大风天气下进行。相邻田块有其他苗木并处于下风时，用背包式小型机喷洒，以避免药雾吹到相邻苗木上。

③种植员须根据施药进度，严格掌握用药剂量。每次施药的实际用量与规定用药量之间的误差不得超过5%。

④喷洒器具的集中管理：每次施药结束，须将喷药器先用碱水洗一遍，再用清水认真冲洗。喷雾器清洗的程序是先用清水，再用碱水，最后用清水，以彻底清除机泵及胶管内的残留农药。药具经清洗后，放入专用仓库内由仓库管理员妥善保管。

## （十）种植基地的采收制度

为了规范种植基地产品的采收，特制定以下标准：

（1）种植产品的采收标准是当药材的器官生长到适合国家药用、食用的标准或程度，具有该品种的形状、色泽、大小和品质。

（2）种植产品的采收前须经技术主管进行病、草、虫害的检查，经基地主任确认，在基地技术人员指导下进行采收。

（3）如公司有特殊需要，按公司主管副总经理的指示对种植产品进行采收。

### （十一）杂草防治方法

（1）除草主要以人工除草为主，要抓住有利时机除早、除小、除彻底，不能留下小草，以免引起后患。

（2）可喷施酸度为4%～10%的食用酿造醋，既可以消除杂草，又可对土壤消毒，在杂草幼小时喷施效果较好。

（3）覆盖抑草秸秆覆盖、地膜覆盖。

（4）机械灭草：机械除草是利用各种形式的除草机械和表土作业机械切断草根，干扰和抑制杂草生长，达到控制和清除杂草的目的。机械中耕除草比人工中耕除草先进，工作效率高，但灵活性不强，一般在机械程度比较高的种植基地采用这一方法。

### （十二）基地灌溉管理办法

在以尽量不加班的原则前提下，调整工作时间，避开高温，在水源最充足的时间进行灌溉。区域责任到人，由区域或棚室负责人负责实施。

### （十三）种植基地员工守则

（1）基地所有员工在未经许可的情况下不得随意把种植基地的中药材带出园区。

（2）生产员工应服从组长的安排，如果对组长的安排有异议按当时组长的安排执行，下班后可以向有关负责人反映，若当时因冲突造成的误工情况，后果组员自行负责。

（3）生产员工不能擅自调组，如有调组的想法可提出申请，经主管主任核实后，通知其本人及有关组长方可调组。

### （十四）基地员工奖惩条例

（1）责任到人后，给员工以产量提成。

（2）擅自使用不符合中药材生产的药物的员工应受相应的惩罚。

### （十五）基地工作例会

每周召开两次例会，目的是发布单位的最新工作精神，汇总本阶段的工作经验，探讨工作中所遇到的问题，做好记录以便查询，如农药使用情况记录（表8-2）、生产记录（表8-3）和病虫害防治记录（表8-4）。

表8-2　农药使用情况记录

| 时　间 | 农药种类 | 农药数量 | 施用作物 | 防治目的 |
|---|---|---|---|---|
| | | | | |
| | | | | |
| | | | | |

表8-3　生产记录

| 棚室编号 | 日期 | 种植品种 | 种植日期 | 农事操作 | 病虫害防治 | 采收量 |
|---|---|---|---|---|---|---|
| | | | | | | |
| | | | | | | |
| | | | | | | |
| | | | | | | |

表8-4 病虫害防治记录

| 棚室编号 | 日 期 | 病虫害发生情况 | 防治措施 | 备 注 |
|---|---|---|---|---|
| | | | | |
| | | | | |
| | | | | |
| | | | | |
| | | | | |
| | | | | |
| | | | | |

## 四、多花黄精生产管理可追溯体系应用

### (一)中药材追溯系统,让中药材更放心

2019年8月,新修订的《中华人民共和国药品管理法》发布,药品追溯是其中一个非常重要的制度性设计,在总则中明确规定了国家要建立健全药品追溯制度,要求药品上市许可持有人、药品生产企业、药品经营企业和医疗机构建立药品追溯体系。自此,药品信息化追溯首次正式纳入国家法律。

《中药追溯体系实施指南》还对中药追溯的内部追溯(包括植物药材种植、药用动物养殖、野生药材采收、中药饮片生产、中药配方颗粒生产、中药提取物生产、中成药生产和中药流通等)和外部追溯的流程进行了标准定义。

《中药追溯信息要求中药材种植》适用于中药材种植企业的追溯实施,详细规定了中药材的种源、产地环境、田间管理、采收、加

工、储存、销售、运输等追溯信息要求（图8-18）。

为了保证中药材规范体系质量，中药材溯源系统根据组织结构、生产管理模式等特点，建立合适的种植管理规范，包括种子育苗、产地环境、肥料、病虫害防治等管理标准（图8-19）。

中药饮片生产企业的追溯措施，详细规定了中药饮片的原料采购、饮片生产、质量检验、销售运输等追溯信息要求（图8-20和图8-21）。

图8-18　淳六味道地药材全流程追溯服务平台

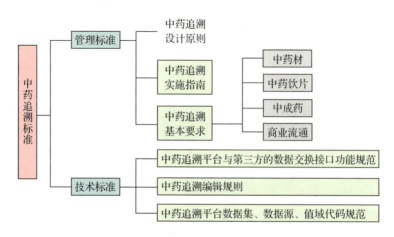

图8-19　中药追溯体系建设

图8-20　中药材种植追溯管理

图8-21　中药材饮片生产追溯管理

溯源系统在流通环节作用主要体现在中药材流通环节，中药材的安全问题主要发生在采收及初加工、仓储、物流等监管不到位等方面。

**1. 溯源系统在流通环节的作用**

① 为中药材初加工、二次加工建立管理规范。

② 提供仓储专业化养护，保障中药材品质。在仓储管理功能上具有动态监控，解决防虫、防霉防变质、防改变品相的监测方法。

③ 减少中间环节，降低生产企业成本。中药材溯源系统使生产企业直接衔接中药种植户，保障中药材的质量安全信息，使信息透明，并降低企业的采购成本。

**2. 溯源系统的主要内容**

中药材溯源系统建立中药材溯源体系中的"中药材种植管理"和"中药材采收调拨管理"两大块内容，从药农种植中药材开始，到中药材收购、二次加工，再转运到制药企业物料入库，最后生产过程中请料出库为止。

**3. 溯源系统为制药企业提供管理功能**

① 以 GAP 规范为指导，针对药材的种植进行全过程的跟踪、记录和管理。可以随时掌握药材种植的生产情况和质量检验记录情况，确保种植的药材符合药品生产原材料的质量规范。

② 通过对药材收购、药材二次加工、药材调拨以及加工药材取样检验等管理，并建立仓库库存信息报表，设立二维码信息显示权限和审计追踪功能，形成原药材采收调拨管理，最终对药材全流通环节（农户、村、合作社、药材公司至药厂）进行信息监控，实现源头可溯源、过程可监控、风险可追溯的质量管理目标。

## （二）中药材（黄精）生产基地管理可追溯体系

根据国家相关指导意见和相关标准，目前公认的追溯数据内容主要有2种：第1种是自有基地的追溯信息（即内部追溯），第2种是外部采购的追溯信息（即外部追溯）。

**1. 自有基地追溯信息**

从表8-5中可以看出，自有基地最基本的追溯信息要求有：药材的名称、产地、批号、数量、规格、采收日期、初加工方式及日期、检测信息、仓储物流信息等10项基本追溯信息，这10项基本信息数据是无条件公开提供给下游制药企业的，同时下游制药企业也需要和全国各省的追溯系统进行数据对接，并提供国家级/省级药监局要求提供的追溯数据。

表8-5 中药材种植或养殖企业追溯子系统处理信息记录要求

| 信息分类 | 描述 | 信息类型 | |
|---|---|---|---|
| | | 基本追溯信息 | 扩展追溯信息 |
| 基本信息 | 中药材名称、批号、产地、数量、规格 | ★ | |
| 生产环境信息 | 药用植物生态环境信息、土壤信息、温度信息、水质信息或药用动物养殖场所环境信息 | | ★ |
| 栽种或养殖信息 | 药用植物栽种日期、栽种面积、种子(种苗)来源、种子(种苗)用量或药用动物引种驯化信息 | | ★ |
| | 药用植物栽种方式、栽种密度、生长周期、预期产量或者药用动物养殖数量、繁殖信息 | | ★ |
| 种植或养殖管理信息 | 药用植物种植管理过程信息(水肥、农药等使用情况、田间管理措施等)或养殖过程管理信息(防疫措施、兽药使用情况等) | | ★ |
| 采收信息 | 采收日期 | ★ | |
| | 采收方式、存放容器、其他信息 | | ★ |
| 初加工信息 | 初加工方式、初加工完成日期 | ★ | |
| 检测信息 | 检测报 | ★ | |
| 包装信息 | 包装日期、包装方式、包装规格 | | ★ |
| 赋码信息 | 赋码日期、赋码编号 | | ★ |
| 仓储物流信息 | 入库日期、入库数量、出库日期、出库数量、药材去向、养护日期、养护方式、仓库温度、仓库湿度 | ★ | |
| 销售信息 | 销售日期、销往单位、销售批号、销售数量 | ★ | |
| 运输信息 | 运输日期、运输车辆信息、起始地点 | | ★ |
| 附加信息 | 涉及的其他信息 | | ★ |

扩展追溯信息根据各省的不同要求选择性提供，一般情况下，越是经济条件好的省市，则需要提供扩展追溯信息，具体的溯源数据提供要求，可根据每个省的要求进行。

**2. 外部采购药材的追溯信息**

（1）接收信息记录要求

接收信息，即买方药材来源的追溯信息。比如A药材经营公司（买方）向B产地合作社（卖方）购进10吨药材，那么这10吨药材的产品名称、数量、规格、产地、批号、B合作社的企业名称、企业代码、产品质检报告（可委托检测）、交易时间等追溯信息必须提供，并上传到溯源系统中（表8-6）。

（2）输出信息记录要求

输出信息，即卖方药材去向的追溯信息。比如A药材经营公司从合作社买回来的药材要卖到药厂去，那么A药材公司则必须向药厂提供该批产品的名称、数量、规格、产地、批号、下游企业名称（药厂/饮片厂）、企业代码、产品质检报告（可委托检测）、交易时间及相关票据等，药厂通过自有的溯源系统接受A药材公司的追溯信息，完成药品生产原材料信息的追溯，并链接后端药品生产流通的质量追溯信息，药品上市后将数据同步到国家级/省级国家药品监督部门官网。

表8-6　外部追溯信息记录要求

| 外部追溯信息 | | 描　述 | 信息类型 | |
|---|---|---|---|---|
| | | | 基本追溯信息 | 扩展追溯信息 |
| 接收信息 | 产品标识 | 产品名称、数量、规格、产地、批号 | ★ | |
| | 产品来源 | 产品上游企业名称、企业代码 | ★ | |
| | | 产品和企业认证情况 | | ★ |
| | 质量信息 | 产品质检报告 | ★ | |
| | 交易信息 | 交易时间 | ★ | |
| | 附加信息 | 涉及的其他信息 | | ★ |

随着中药饮片行业的监管愈来愈严，各省市及行业协会对饮片的追溯也提出了要求。2020年底，随着全国各省溯源平台建设完成，未来2~3年或许饮片可溯源，将从"鼓励追溯"到"强制追溯"过渡，"十四五"末完成药品的全过程追溯将变成现实。

（3）功能模块设计及实现的功能

中药材生产管理溯源系统的模块设计及功能如表8-7所示。

表8-7　中药材生产管理溯源系统模块与功能

| 版块 | 功能模块 | 功　能　点 |
|------|---------|-----------|
| 中药材生产管理溯源系统 | 基地管理 | （1）基地资源<br>　　基地基本信息、地块的新建、编辑、删除、档案管理，可以根据基地定位自动收集当地县级气象数据，也可以通过物联网监测小环境气象数据。<br>（2）种源管理<br>　　按药材品种建立品种库，实现基源管理；针对种苗管理其来源、库存、检验检疫数据；管理种植资源圃。<br>（3）育苗管理<br>　　实现从种子处理、种苗繁育、种苗检验、育苗生长、发运等育苗全过程管理。<br>（4）生产过程管理<br>　　从种植计划、种植模式、管理模式、整地、定植、田间管理、采收等实现田间全程农事管理；并可以根据不同药材品种订制专属SOP，实现农事计划的推送，结合手机App进行现场记录。<br>（5）初加工管理<br>　　针对不同药材品种订制不同的初加工工艺流程，并按工序进行初加工数据记录。 |
| | 储运管理 | （1）成品库存管理<br>　　对成品入库、出库、盘点、查询等进行管理；<br>　　退换货库管理；<br>　　库房巡查、养护记录管理。<br>（2）库房的环境管理<br>　　库房的智能设备的数据导入，记录库房环境信息光温水气等指标。<br>（3）出库发运管理<br>　　出库审核、放行的管理，发运记录管理。 |

| 版块 | 功能模块 | 功 能 点 |
|------|---------|---------|
| 中药材生产管理溯源系统 | 质量管理 | (1) QA任务的建立、指令下发、任务记录审核。<br>(2) QC的任务新建、执行、检测报告上传。具体参考规范的标准指标。<br>(3) 质量文档。<br>(4) 投诉与召回管理<br>　　对每批次药材产品投诉的信息记录，以及不合格药材召回后的管理。 |
| | 物资管理 | (1) 设施管理<br>　　包括田间工作站、育苗棚室、仓库等设施的管理。<br>(2) 设备管理<br>　　对田间生产、加工、仓储、检验等相关设备进行管理，包括基本信息、使用维护记录等。<br>(3) 物料管理<br>　　包括农药、化肥、包装材料等各类投入品、耗材的管理。 |
| | 质量溯源 | (1) 溯源履历生成<br>　　按批次生成溯源数据包，通过审核后发布，外部人员可见。<br>(2) 赋码<br>　　生成溯源码批次，并将溯源码与履历进行关联对应。<br>(3) 可对溯源信息字段进行配置，展示不同的溯源信息。<br>(4) 溯源信息可以向下游发布，预留数据接口与下游溯源系统对接。 |
| | 统计分析 | (1) 按不同维度搜索展示药材生产批次的操作记录数据。<br>(2) 统计分析不同基地、不同年份、不同批次的生育期、投入品、产量以及环境数据，并形成相关图表。 |
| | 数据仓展示平台 | (1) 对外宣传和展示企业的基地、药材、电子批记录等信息，实现透明化展示。<br>(2) 可以展示基地分布、药材数据，也可以链接物联网实现实时监控展示，还可以通过视频、VR等方式进行基地展示。 |
| | 机构人员 | (1) 支持企业基地管理部门的组织架构设置形成架构图。<br>(2) 按照员工、专家、合作商等不同角色建立档案管理，并可以记录员工培训记录。 |

| 版块 | 功能模块 | 功　能　点 |
|---|---|---|
| 中药材生产管理溯源系统 | 药材简介 | 　　根据企业生产的药材品种进行分类管理,并建立药材的基本信息,包括原植物信息、中药材信息、种植历史、生育特点,实现新建、编辑、删除等功能;审核通过后可见。 |
| | 文件管理 | (1)管理制度;<br>(2)技术规程;<br>(3)操作规程;<br>(4)文件报告;<br>(5)种植收购合同;<br>(6)文件标准。 |
| | 系统管理 | (1)组织架构管理,内部用户可以同步用户账户,外部用户自主注册账户。<br>(2)角色管理,按照基地管理相关角色设定配置。<br>(3)权限管理,支持4级权限的设定和管理。<br>(4)系统设置,有关字段、菜单的设置。<br>(5)系统日志管理,对系统用户登录、业务操作进行留痕管理,查询有关数据,以备追踪审计;对错误日志提供报警功能。 |
| 微信小程序 | 种植帮手 | (1)新建查看编辑种植批次。<br>(2)查看农事计划,编辑农事指令,记录农事,对农事执行结果进行审查。实现农事管理和质量审批的移动办公。<br>(3)查看农资库存情况。<br>(4)记录初加工相关数据,对结果进行审核。 |

（4）系统功能介绍（图8-22）

① 基地管理

基地管理包括基地信息和气象数据（图8-23）。

图8-22　淳六味道地药材质量追溯系统

| | 基地名称 | 基地类型 | 所在区域 | 建立时间 | 面积（亩） | 基地负责人 | 审核状态 | 操作 | | | |
|---|---|---|---|---|---|---|---|---|---|---|---|
| 1 | 半夏村山斛萸古树群村 | 种植基地 | 淳安县 | 2018-07-20 | 50.00 | 郑建汉 | 待审核 | 查看 | 编辑 | 删除 | 导出 |
| 2 | 遂淳生物基地梅口林 | 种植基地 | 淳安县 | 2017-06-15 | 200.00 | 宋撤忠 | 待审核 | 查看 | 编辑 | 删除 | 导出 |
| 3 | 淳安县临岐镇勇丰家 | 种植基地 | 淳安县 | 2016-03-01 | 300.00 | | 待审核 | 查看 | 编辑 | 删除 | 导出 |
| 4 | 屏门乡永印家庭农场 | 种植基地 | 淳安县 | 2016-07-01 | 600.00 | 罗南印 | 待审核 | 查看 | 编辑 | 删除 | 导出 |
| 5 | 王阜乡敬存仁黄精、 | 种植基地 | 淳安县 | 2016-09-28 | 300.00 | 姚洪坤 | 待审核 | 查看 | 编辑 | 删除 | 导出 |
| 6 | 淳安县文昌镇光晶边村 | 种植基地 | 淳安县 | 2022-09-29 | 109.00 | 黄久福 | 待审核 | 查看 | 编辑 | 删除 | 导出 |
| 7 | 临岐淳六味道地药材 | 种植基地 | 淳安县 | 2017-12-27 | 64.57 | | 待审核 | 查看 | 编辑 | 删除 | 导出 |
| 8 | 杭州千岛湖仙草谷农 | 种植基地 | 淳安县 | 2018-08-16 | 85.34 | 王波 | 待审核 | 查看 | 编辑 | 删除 | 导出 |
| 9 | 临岐镇审岭脚村葫芦横 | 种植基地 | 淳安县 | 2018-07-29 | 200.00 | | 待审核 | 查看 | 编辑 | 删除 | 导出 |
| 10 | 瑶山乡张家村山核桃林 | 种植基地 | 淳安县 | 2019-06-14 | 120.00 | | 待审核 | 查看 | 编辑 | 删除 | 导出 |
| 11 | 屏门乡张家村山核桃 | 种植基地 | 淳安县 | 2018-06-14 | 350.00 | 项文麦 | 待审核 | 查看 | 编辑 | 删除 | 导出 |

图8-23　基地信息列表

② 资源管理

资源管理包括设施管理、设备管理和物料管理。

设施管理包括设施名称、设施编号、分类、类型、面积、产能。

设备管理包括所属基地、设备名称、设备编号、分类、类型、产品型号、存放地点。每件设备还需做好维护记录、使用日记、安装记录、设备参数（图8-24和图8-25）。

图8-24　基地详情

图8-25　基地资源管理信息登记页面

物料管理包括物料名录（物料类型、种类、物料编号、物料名称、物料规格、生产厂家）和物料库存（物料编号、物料名称、物料规格、物料类型、库存数量、仓库）。

③种源管理（图8-26）

种源管理包括种质来源、种质鉴定、种源检疫、种源储运、种质资源圃。

种质来源：要做好种源批次信息登记，包括药材名称、种源批次、种源来源、产地、数量、生产单位、采收/采集时间。

种质鉴定：登记药材品种、种源批次、鉴定时间、鉴定单位、鉴定人、鉴定结果等信息。

种源鉴定：药材品种、种源批次、调运信息、检疫数量、检疫时间、检疫单位、检疫结果。

种源储运：包括库存管理即库存量查询（药材品种、种源类型、库存数量、单位、仓库）和种源运输（发货批次、发货品种批次、发货日期、运输起终点、货物总件数、货物总重量。

种源资源圃：资源圃名称、建圃时间、建圃地址、建圃面积、繁育方式、种质数量。

④生产管理（图8-27）

生产管理包括良种繁殖、种植管理、采收管理、采购管理、加工管理和包装管理。

良种繁殖：登记繁育批次、药材品种、基地、良种繁育规范、繁育开始时间。

种植管理：种植批次、药材品种、基地、地块、种植规范、种植模式、种植面积、种植开始时间。

采收管理：采收批次、种植批次、采收地块、采收时间、结束时间、采收面积、采收鲜重。

采购管理：采购批次、药材品种、规格、采购地块、供货商类型、采购数量、采购开始时间。

加工管理：加工批次、加工样品、鲜品来源、使用批次、加工开始时间。

包装管理：产品批次、产品名称、规格等级、包装开始时间、包装结束时间、本批数量。

⑤质量管理（图8-28）

图8-26　基地种源管理信息登记页面

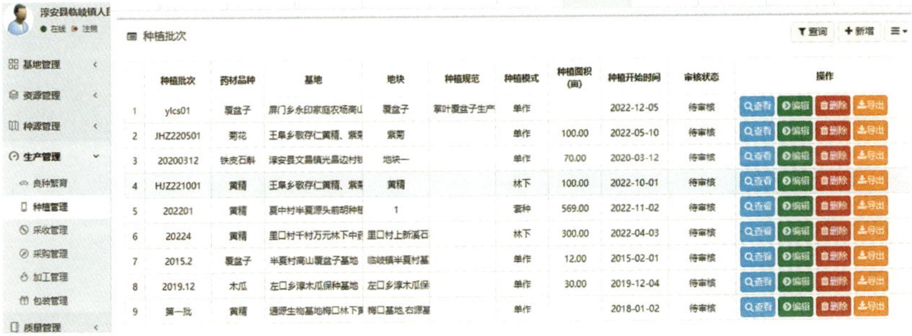

图8-27　基地生产管理信息登记页面

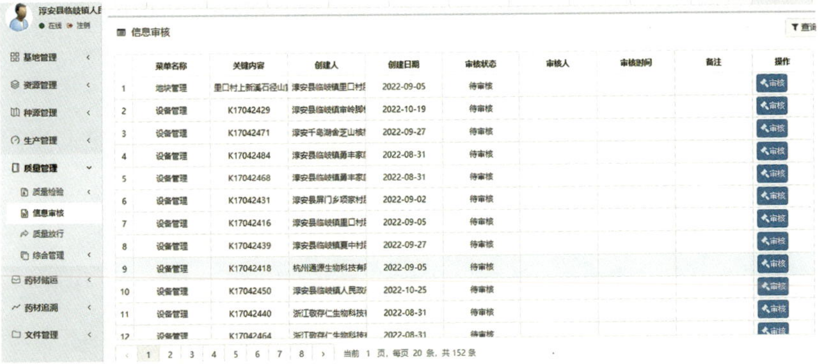

图8-28　基地质量管理信息登记页面

质量管理包括质量检验、信息审核、质量放行、综合管理。

质量检验：包括批次检验（产品名称、产品批次、规格等级、产品数量、取样号、检验号、检验项目）取样记录（取样号、产品/鲜品名称、产品/鲜品批次、供样单位、检测项目、取样日期、取样人）、留样记录（留样号、产品名称、产品批次、产地、留样量、留样人）、检验记录（检验号、产品/鲜品名称、产品/鲜品批次、检验项目、检验时间、检验结果、检验依据、检验人）。

质量放行：包括产品批次、产品名称、规格等级、生产时间段、放行状态、审核人、审核时间、审核内容）。

综合管理：包括基地自检（自检主题、自检方式、自检部门、负责人）、投诉记录（投诉日期、投诉人员、投诉问题、涉及药材批次、涉及药材数量）和召回记录（召回产品名称、召回产品批次、召回日期、召回原因、处理意见、经办人）。

⑥药材储运

包括库存管理（产品名称、规格等级、库存数量、统计单位、仓库）和药材运输（发货批次、发货品种批次、发货日期、运输起终点、货物总件数、货物总重量）。

⑦药材追溯

药材追溯包括履历模板管理、溯源信息、溯源码管理、电子批管理、溯源对接（图8-29）。

履历模板管理：履历名称、建立时间、创建人。

溯源信息：快捷生成（溯源信息名称、产品批次、基地、生产企业、展示模板）和录入生成（溯源信息名称、产品批次、基地、生产企业）。

溯源码管理：二维码管理（溯源信息名称、产品批次、基地、生产企业）和赋码（溯源信息管理、批次码、起始号、结束号、赋码时间）。

电子批管理：产品批次、产品名称、规格等级、生产日期、统计单位。

溯源对接：原料产品表管理（原料、原料企业编码、添加时间）。

⑧与硬件的集成使用（用户可选）

系统支持与传感器、视频摄像头、智能秤等物联网硬件的集成使用（图8-30）。

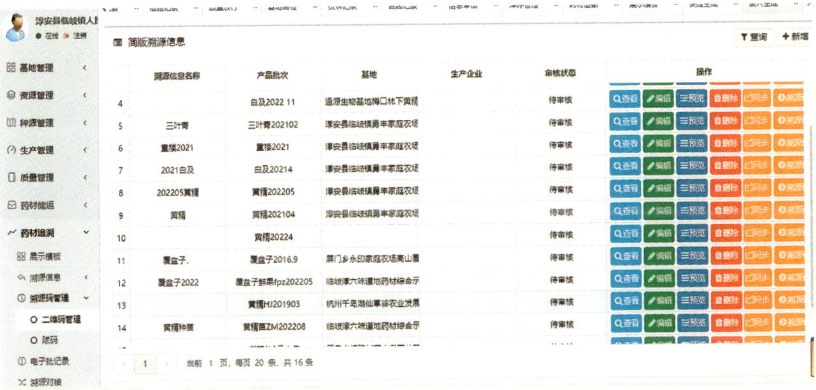

图8-29　基地药材追溯信息登记页面

图8-30　基地气象监测系统及云平台

示范区气象监测系统：在项目中药材基地园区中安装室外气象站，可对基地小气候环境中的空气温度、湿度、光照、风速、风向、降雨量、大气压力、土壤温度、土壤水分、昼夜温差、有效积温等参数进行实时监测，通过GPRS无线传输到中药材生产管理云平台，使基地管理者、远程专家等可实时查看，掌握园区实时的气候参数，对中药材种植进行精确、及时的调控建议，避免由于不了解户外气象情况所造成的损失。

大田高清视频监控系统（图8-31）：在大田地块中安装高清摄像头（球机或枪机），通过光纤实时传输到视频服务器，可支持本地或者远程PC实时查看或浏览大田地块内的视频图像，同时支持手机客户端（该系统需要有光纤和固定IP支持）。

所有视频数据可在各级信息控制中心大屏幕上显示与切换，把大田地块作物的生长情况，甚至可以将细微的叶片图像资料实时反馈给远程的技术指导专家团队，为其提供真实的现场依据，方便远程技术指导。

图8-31　多花黄精基地安装的物联网气象系统

# 参考文献

［1］GU W, WANG Y F, ZENG L X, et al. Polysaccharides from Polygonatum kingianum improve glucose and lipid metabolism in rats fed a high fat diet［J］. Biomedicine & Pharmacotherapy, 2020, 125: 109910.

［2］JIANG Q G, LV Y X, DAI W D, et al. Extraction and bioactivity of Polygonatum polysaccharides［J］. International Journal of Biological, 2013, 54: 131-35.

［3］Journal of Biological Macromolecules, 2018, 114: 317-323.

［4］LI B, WU P P, FU W W, et al. The role and mechanism of mi RNA-1224 in the Polygonatum sibiricum polysaccharide regulation of bone marrow-derived macrophages to osteoclast differentiation［J］. Rejuvenation Research, 2019, 22(5): 420-430.

［5］LI L, THAKU R K, LIAO B Y, et al. Antioxidant and antimicrobial potential of polysaccharides sequentially extracted from Polygonatum cyrtonema Hua［J］. International Journal of Biological Macromolecules, 2018, 114: 317-323.

［6］LI L, THAKU R K, CAO Y Y, et al. Anticancerous potential of polysaccharides sequentially extracted from Polygonatum cyrtonema Hua in Human cervical cancer Hela cells［J］. International Journal of Biological Macromolecules, 2020, 148: 843-850.

［7］LIU N, DONG Z H, ZHU X S, et al. Characterization and protective effect of Polygonatum sibiricum polysaccharide against cyclophospha-mide-induced immunosuppression in Balb/c mice［J］. International Journal of Biologocal Macromolecules,2018,107:796-802.

［8］LONG T T, LIU Z J, SHANG J C, et al. Polygonatum sibiricum polysaccharides play anti-cancer effect through TL R 4-MAPK/NF-kappaB signaling pathways［J］. International Journal of Biological Macromolecules, 2018,111: 813-821.

［9］MU C L, SHENG Y F, WANG Q, et al. Dataset of potential Rhizoma Polygonati compound-druggable targets and partial pharmacokinetics for treatment of COVID-19［J］.Data in Brief, 2020, 33: 106475.

［10］MU S, YANG W J, HUANG G L, et al. Antioxidant activities and mechanisms of polysaccharides［J］. Chemical Biology & Drug Design, 2021, 97(3) : 628-632.

［11］WANG Y, QIN S C, PEN G Q, et al. Original research: Potential ocular protection and dynamic observation of Polygonatum sibiricum polysaccharide against streptozocin-induced diabetic rats' model［J］. Experimental Biology and Medicine,2017,242(1):92-101.

［12］XIE S Z, ZHANG W J, LIU W, et al. Physicochemical characterization and hypoglycemic potential of a novel polysaccharide from Polygonatum sibiricum R ed through PI3K/Akt mediated signaling pathway［J］. Journal of Functional Foods, 2022, 93: 105080.

［13］YAN H L, LU J M, WANG Y F, et al. Intake of total saponins and polysaccharides from Polygonatum kingianum affects the gut microbiota in diabetic rats［J］. Phyto-medicine, 2017, 26: 45-54.

［14］YANG J X, WU S, HUANG X L, et al. Hypolipidemic activity and antiatherosclerotic effect of polysaccharide of Polygonatum sibiricum in rabbit model and related cellular mechanisms〔J〕. Evidence-based Complementary and Alternative Medicine, 2015, 2015: 391065.

〔15〕YELITHAO K, SU R AYOT U, PA R K W, et al.　Effect of sulfation and partial hydrolysis of polysaccharides from Polygonatum sibiricum on immune-enhancement〔J〕. International Journal of Biological Macromolecules, 2019, 122: 10-18.

〔16〕ZHANG H X, CAO Y Z, CHEN L X, et al. A polysaccharide from Polygonatum sibiricum attenuates amyloid-beta-induced neurotoxic-ity in PC12 cells〔J〕. Carbohydrate Polymers, 2015, 117: 879-886.

〔17〕ZHANG J Z, LIU N, SUN C, et al. Polysaccharides from Polygonatum sibiricum Delar. ex R edoute induce an immune response in the R AW264.7 cell line via an NF-κB/MAPK pathway〔J〕. R SC Advances, 2019, 9(31):17988-17994.

〔18〕ZHAO P, ZHAO C C, LI X, et al. The genus Polygonatum: A review of ethnopharmacology, phytochemistry and pharmacology 〔J〕. Journal of Ethnopharmacology, 2018, 214: 274-291.

〔19〕陈辉,朱莹,孔江波,等.黄精中1个新的苯骈呋喃型木脂素〔J〕.中草药,2020,51(1):21-25.

〔20〕陈龙胜.多花黄精高产高效种植技术与加工〔M〕.北京:中国农业科学技术出版社,2022.

〔21〕陈晔,孙晓生.黄精的药理研究进展〔J〕.中药新药与临床药理,2010,21(3):328-330.

〔22〕陈怡,柳雪晨,陈松树,等.多花黄精种子萌发过程的形态和解剖研究〔J〕.种子.2020,39(02):5-10.

〔23〕杜李继,陈瑞瑞,王凯,等.气质联用法研究多花黄精药材炮制过程中挥发性物质的变化〔J〕.安徽农业大学学报,2021,48(6):1035-1040.

［24］国家药典委员会.中华人民共和国药典［M］.北京:化学工业出版社,2015:215.

［25］贾春雷,尹海波,王丹,于学霖,马婧洁.黄精种子与种苗质量分级标准研究［J］.时珍国医国药,2023,34(28):1969-1973.

［26］林培远.多花黄精根茎生长特性研究［J］.林业勘察设计,2015(2):141-144.

［27］刘菡,万鹏,杨壮,刘旭.黄精功能成分及其开发利用的研究进展［J］.粮食与油脂,2023,36(11):25-27.

［28］刘佩.黄精幼苗生长特性及成分积累研究［D］.咸阳:西北农林科技大学,2015.

［29］刘校.黄精属轮生叶类本草生物学特性研究［D］.合肥:安徽中医药大学,2019.

［30］刘跃钧等.多花黄精［M］.北京:中国农业出版社,2021.

［31］龙杰凤,胡秀虹,范成念,等.黔产生黄精多糖的抑菌活性研究［J］.贵州科学,2022,40(1):5-9.

［32］马菁华,任启飞,刘芳,等.药用黄精种子休眠特性及破眠技术进展［J］.农业科技通讯,2023(4):149-151+156.

［33］秦福增,韩学军.茶叶产品质量追溯实用技术手册［M］.北京:中国农业出版社,农村读物出版社,2020.

［34］桑维钧,松宝安,练启仙,等.黄精炭疽病病原鉴定及药剂筛选［J］.植物保护,2006,32(3):91-93.

［35］宋思情,马英姿,宋荣,等.11种黄精属植物根和根状茎显微结构的比较［J］.经济林研究.2023,41(02):214-222.

［36］孙世伟,刘爱勤,桑利利,等.5种杀螨剂对黄精二斑叶螨防治试验［J］.2009,22(3):655-661.

［37］王嘉琛,徐丽霞,孙靓,等.鸡头黄精种子生物学特性试验研究［J］.种子科技,2022,40(20):13-15.

［38］王世强.基于糖组、代谢组和转录组的黄精种质资源研究［D］.西

安:陕西师范大学,2019.

[39] 王思成,曾婷,易攀,等.多花黄精的化学成分及质量控制研究进展[J].科学技术创新,2017(29):1-4.

[40] 杨维泽,杨绍兵.多花黄精生产加工适宜技术[M].北京:中国医药科技出版社,2018.

[41] 张士凯,王敏,程欣欣,等.超高压提取黄精多糖及提高运动耐力机制[J].核农学报,2021,35(9):2094-2101.

[42] 张武君,赵云青,刘保财,等.多花黄精种子层积过程生理变化研究[J].福建农业学报,2022,37(8):995-1007.

[43] 张欣,李修炼,梁宗锁,等.不同环境温度下大草蛉对黄精主要害虫二斑叶螨的控害潜能评估[J].环境昆虫学报,2012,34(2):214-219.

[44] 赵君,孙乐明,杨涛,等.多花黄精种茎分级标准的初步研究[J].农业与技术,2020,40(15):7-9.

[45] 赵平.黄精属药用植物亲缘关系及多糖的研究[D].天津:天津大学,2023.

[46] 种高军,顾沈华,王蕾,等.药用植物—多花黄精的组培快繁技术[J].农村实用技术,2021,(12):107-109.

[47] 朱书生,何霞红.三七连作障碍形成机制及优质生产技术[M].北京:科学出版社,2022.